DAS BRENNNESSELBUCH

Brennnessel-
WERKSTATT

Mechtilde Frintrup

DAS BRENNNESSELBUCH

Die magische Nahrungs-,
Heil- und Faserpflanze

Mit Rezepten und
praktischen Anleitungen

at VERLAG

INHALT

81 DER PRAKTISCHE BLICK

VORWORT

Die Brennnessel ist eine Pflanze, deren Bekanntschaft wohl jedes Kind macht. Auch Sie kennen sicher das Brennen auf der Haut, das die Berührung verursacht. Was aber in dieser »Allerweltspflanze« alles steckt, erfährt nur, wer die Brennnessel über das Jahr hinweg beobachtet, sich eingehend mit ihr beschäftigt und so ihre vielen Facetten entdeckt, sei es als Nahrungs- und Stärkungsmittel, als psychedelisch wirkende oder als Heilpflanze, sei es als vielseitiges Hilfsmittel im Garten und in der Landwirtschaft oder sei es als Rohstoff für grobe und feine Fasern. Sie gilt als Retterin in Notzeiten und macht uns Mut in schwierigen Zeiten.

Ich habe die Brennnessel (botanisch *Urtica*) zuerst als Heilpflanze schätzen gelernt, als sie mir nach einer Nierenerkrankung zu neuer Kraft verhalf. Weil mich diese Erfahrung dankbar und neugierig machte, wählte ich sie als Thema für meine Projektarbeit an der Freiburger Heilpflanzenschule. Durch die intensive Beschäftigung mit ihr hat sich in meinem Leben einiges verändert – und die Brennnessel lässt mich bis heute nicht mehr los.

Meine Glücksbrennnessel – eine Mutation mit quirlförmiger Blattanordnung und drei statt zwei Blättern an einem Ansatz.

Für dieses Buch habe ich versucht, alles über sie zusammenzutragen. Da sind zunächst die botanischen Daten, ihre vielen Inhaltsstoffe und ihre Wirkung auf Mensch, Tier und Umwelt. Die Brennnessel spielte außerdem seit Menschengedenken eine wichtige Rolle bei Volksbräuchen. Die Pflanze findet sich in Mythen und Märchen, fand für Zauber und Heilung Verwendung, und ihre Symbolkraft floss in Kunstwerke ein. Sie eignet sich für spirituelle Erfahrungen ebenso wie für die Verarbeitung in Küche und Werkstatt. Ich möchte Sie mit diesem Buch durch das Jahr begleiten und Ihnen Anregungen und Anleitungen geben. Sie finden hier Rezepte für die Zubereitung von Speisen und Getränken ebenso wie Beschreibungen zur Herstellung von Fasern oder Papier, zum Spinnen und Färben.

Ich möchte mit diesem Buch meine Erfahrungen mit dieser besonderen Pflanze teilen und Sie dazu einladen und ermutigen, selbst auszuprobieren, selbst zu forschen, selbst zu entdecken.

Mechtilde Frintrup

DER WISSENSCHAFTLICHE BLICK

BOTANIK

Die Pflanzenfamilie der Urticaceen

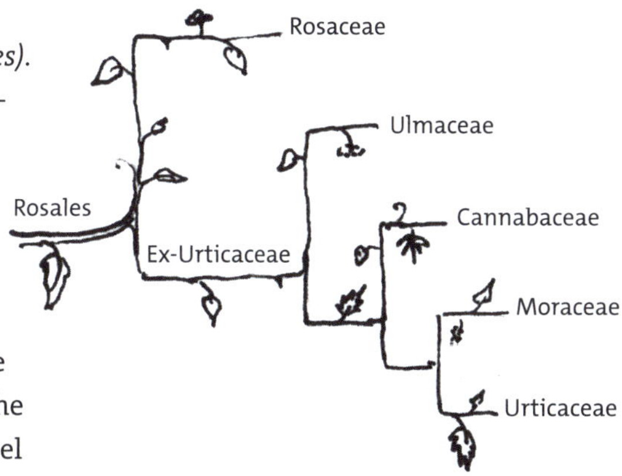

Botanisch gesehen, gehören die Brennnesselgewächse *(Urticaceae)* zur Pflanzenordnung der Rosenartigen *(Rosales)*. Der römische Dichter Ovid (43 vor bis 17 nach unserer Zeitrechnung) ahnte dies wohl schon, denn er schreibt metaphorisch: »Der Brennnessel ganz nah ist oft die Rose.« Die Gattung *Urtica* umfasst 30 bis 50 Arten, die weltweit von den gemäßigten Zonen zu den Subtropen und bis in hohe Lagen verbreitet sind. In Deutschland sind Brennnesseln fast überall anzutreffen. Meist ist es die Große Brennnessel *(Urtica dioica)*, seltener die sehr ähnliche Kleine Brennnessel *(U. urens)* oder die Röhricht-Brennnessel *(U. kioviensis)*, auch Ukrainische Sumpfbrennnessel genannt. In Neuseeland gibt es eine endemische Brennnesselart: die Ongaonga *(U. ferox)*, die, weil sie sehr stark verholzt, auch als Nesselbaum bezeichnet wird. Die Berührung ihrer Blätter führt zu verbrennungsartigen Beschwerden, ein großflächiger Kontakt kann sogar tödlich sein. Auch die Pillennessel *(U. pilulifera)* ist bemerkenswert. Sie enthält Bufotenin, einen psychoaktiven Stoff, der chemisch verwandt mit Dimethyltryptamin (DMT) ist.[1] In Nepal gedeiht die Himalaja-Nessel *(Girardinia diversifolia)*, deren Fasern in größerem Umfang zu Garnen verarbeitet werden. In Osteuropa und Asien gibt es die Sibirische Hanfnessel *(U. cannabina)*, die vor allem als Faserpflanze genutzt wird.

Nah verwandt sind die *Urticaceen* mit den Hanfgewächsen *(Cannabaceae)*, deren Blätter, Wuchs und Duft der Brennnessel sehr ähnlich sind. Beide sind Faserpflanzen, und beide wirken auf unser Bewusstsein.

Die Beschreibungen in diesem Buch beziehen sich auf die Große Brennnessel.

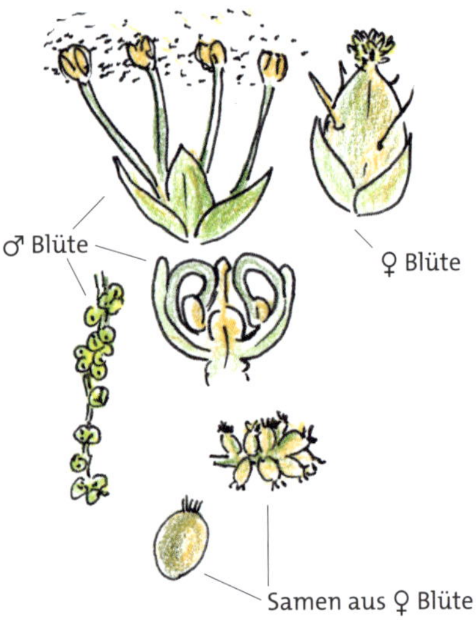

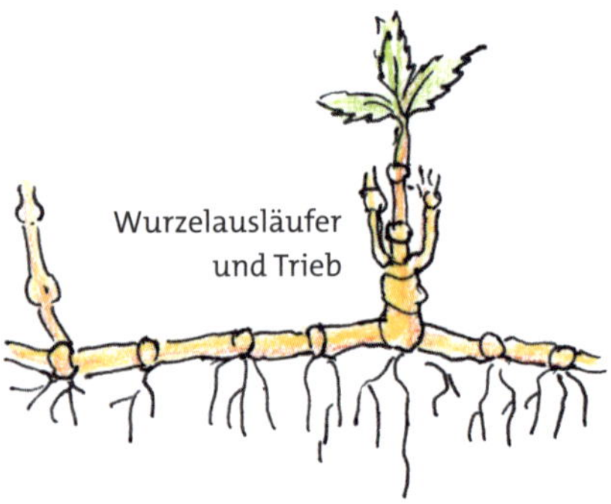

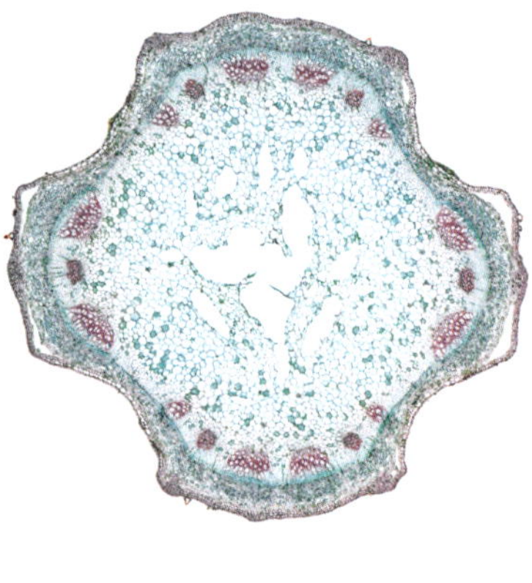

Stängelquerschnitt unter dem Elektronenmikroskop, die dünnen Fasern liegen außen.

Urtica dioica

Die Große Brennnessel siedelt sich gerne an Flussläufen, auf Wiesen, in Hecken, im Wald, an Bahngleisen, Kompost- oder Misthaufen und Brachflächen an. Innerhalb eines Jahres können sich die flachverzweigenden Wurzeln auf einem Quadratmeter ausbreiten und in wenigen Jahren ein filziges, frostresistentes Wurzelgeflecht bilden.[2] Feine Wurzeln wachsen tief nach unten und befördern Wasser und Mineralien nach oben. Die Brennnessel ist sehr robust und anpassungsfähig, selbst in Steinritzen kann sie einen Standort finden. Manchmal finden sich ausgeschwemmte Brennnesselwurzeln am Flussufer. Wenn sie auf sandigem Boden wachsen, kann man sich das feine Wurzelwerk genau ansehen.

Die zarten Triebe erscheinen im März und werden bis zum Sommer ein bis zwei Meter hoch. An günstigen Stellen mit genügend Feuchtigkeit und Sonne, wächst die Pflanze im Herbst weiter und kann bis zu drei Meter Höhe erreichen. An Hecken und Waldrändern, an Bächen oder Flüssen findet man mitunter besonders große Exemplare. Ihre Stängel sind dann verholzt und innen hohl. In diesem Hohlraum speichern die Brennnesseln Feuchtigkeit. Bei Frost können sie innen mit Eis gefüllt sein. In ihrem Stängel trägt die Pflanze alle Informationen, die sie braucht, um neu zu wachsen. Ich hatte einmal einen abgeschnittenen Stängel, der schon Wochen im Haus lag und vollständig vertrocknet war. Als ich ihn dann als Pflanzenstütze in einem Blumentopf verwenden wollte, schlug er Wurzeln und trug bald grüne Blätter.

Der Wuchs der *Urtica* ist symmetrisch, die Blätter sind gegenständig und kreuzweise versetzt am Stängel und regelmäßig gezähnt. Typisches Merkmal der rosenähnlichen Pflanzen sind die Nebenblätter direkt am Stängel. Die Blattaderung ist ausgeprägt. Die Blätter wirken im Schatten dunkelgrün, in der Sonne leuchten sie in vielen Schattierungen. Der vierkantige Stängel ist etwas abgerundet und an den vier Seiten eingebuchtet. Er wächst gerade und aufrecht, später verzweigt er sich und biegt sich unter dem Gewicht der Samen nach unten. Oft sind Stängel und Blätter auch rötlich angelaufen.

Die Brennnessel gilt als sogenannte Zeigerpflanze für stickstoffhaltige Böden. Mit ihrem feinen Wurzelwerk lockert sie den Boden, die abgestorbenen Blätter und Stängel ergeben einen guten Humusboden.[3]

Die *Urtica dioica* ist zweihäusig – wie schon der Name besagt: *di-* (von altgriechisch *dis* = »zweimal«), *-oica* (von altgriechisch *oikos* = »Haus«). Es gibt also weibliche und männliche Pflanzen. Die Blüten entspringen an den Blattachseln. Die männlichen Blüten sind zunächst größer und heller als die weiblichen Blüten. Sie werden deshalb oft mit Samen verwechselt. Bei Sonneneinstrahlung explodieren sie förmlich und schleudern ihre gelblichen Pollen in die Luft. Die weiblichen Pflanzen entwickeln pinselartige Blüten, die an Rispen wachsen. Die feinen Härchen fangen die Blütenpollen der männlichen Blüten auf. Die Bestäubung erfolgt also unabhängig von Insekten, selbst Wind ist nicht unbedingt notwendig. Die bestäubten Blüten reifen zu grünen, kleinen Samen heran. Die Rispen biegen sich dann nach unten. Eine einzige weibliche Pflanze kann Tausende Samen hervorbringen. Später werden sie braun, fallen ab oder haken sich mit ihren Härchen an Kleidung oder Fell, schwimmen über Wasser oder lassen sich vom Wind tragen.[4]

Oben: männliche Blüten.
Mitte: weibliche Blüten.
Links: Pollen der männlichen Blüte in der Luft.

Blütendiagramme

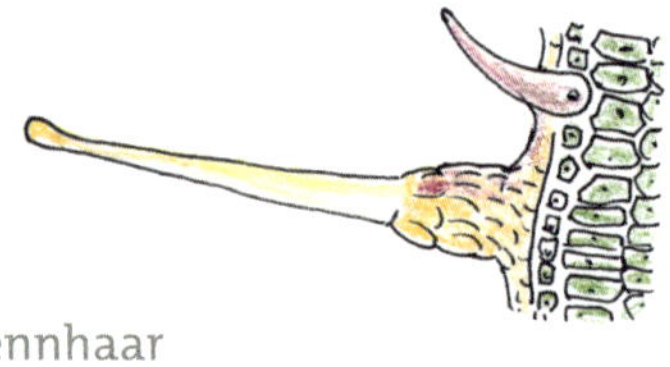

Brennhaar

Selbstschutz – die Brennhaare

Die Brennnessel ist an Stängel und Blättern übersät mit Brennhaaren. In einem becherförmigen Fuß sitzt eine besonders lang ausgezogene Zelle, deren Wand durch die Einlagerung von Kieselsäure spröde wie Glas ist. In ihr befindet sich eine Flüssigkeit, die Serotonin, Histamin, Acetylcholin und Natriumformiat enthält. Bereits 100 Nanogramm der Flüssigkeit reichen aus, um ein Brennen zu erzeugen.[5] Die Spitze bildet ein leicht seitlich gerichtetes Köpfchen, das schon bei einer leichten Berührung abbricht. Weil die Abbruchstelle schräg ist, bildet sie eine scharfe Spitze wie bei einer Injektionsnadel, die sich in die Haut bohrt und den Inhalt der Zelle unter die Haut spritzt.

Mit diesen Brennhaaren schützt sich die Pflanze nicht nur vor uns Menschen, sondern vor allem vor Fressfeinden. Erste Triebe sind oft noch ohne Brennhaare; sobald es wärmer wird, bilden sie sich immer stärker aus. Trotz der Brennhaare legen viele Tag- und Nachtfalter ihre Eier unter die Blätter. Den Schmetterlingen und den geschlüpften Raupen scheinen die Nadeln wenig auszumachen. Insbesondere die Raupen des Kleinen Fuchses, auch Nesselfalter genannt, und des Tagpfauenauges ernähren sich ausschließlich von der Brennnessel. Im späten Herbst kommen dann auch die Schnecken. Sie haben es auf die nahrhaften Samen abgesehen.

Oben: Taubnessel *(Lamium album)*. Mitte: Nesselblättrige Glockenblume *(Campanula trachelium)*. Unten: Braunwurz *(Scrophularia nodosa)* und dahinter Brennnessel.

Verwechslung mit anderen Pflanzen

Die Brennnessel könnte man vor der Blüte mit der Taubnessel verwechseln. Sie wachsen auch oft nah beieinander. Auch die Nesselblättrige Glockenblume, Braunwurz und Waldziest haben vor der Blüte Ähnlichkeit mit der Brennnessel, wenn man sich nur auf das Aussehen verlässt. Benutzt man aber mehrere Sinne, ist die Unterscheidung von anderen Pflanzen recht einfach. Denn Geruch, Geschmack und wie sich die Pflanze anfühlt, ist einzigartig.

INHALTSSTOFFE

Brennnesseln enthalten enorm viele wertvolle Stoffe, die uns als Nahrungsmittel und Heilmittel gut tun und in einem ausgewogenen Verhältnis in ihr vorhanden sind. Hauptsächlich sind dies Proteine, Ballast- und Mineralstoffe, dazu kommen Fette, Kohlenhydrate und organische Säuren. Die Pflanze kann sogar den Vergleich mit Fleisch bestehen: Sie bietet uns die wichtigsten Nährstoffe mindestens genauso gut. Allerdings hängt die Konzentration der verschiedenen Inhaltsstoffe stark von der Jahreszeit, den Klimaverhältnissen und dem Standort ab. Schon die Blätter bieten uns so ziemlich alles, was wir für eine ausgewogene Ernährung brauchen. Die Samen enthalten die Nährstoffe am konzentriertesten, aber auch die Wurzeln halten – vor allem im Winter, wenn die Pflanze ihre Kraft in die Wurzeln zurückzieht – wertvolle Substanzen für uns bereit. Eine Überdosierung, wie es bei industriell verarbeiteten Nahrungsmitteln oder Nahrungsergänzungsmitteln vorkommen kann, ist bei direkter Verwendung der Pflanze nicht möglich.

Im Folgenden sind die Inhaltsstoffe mit ihren Hauptmerkmalen und Wirkungen aufgelistet.

Rindfleisch, roh

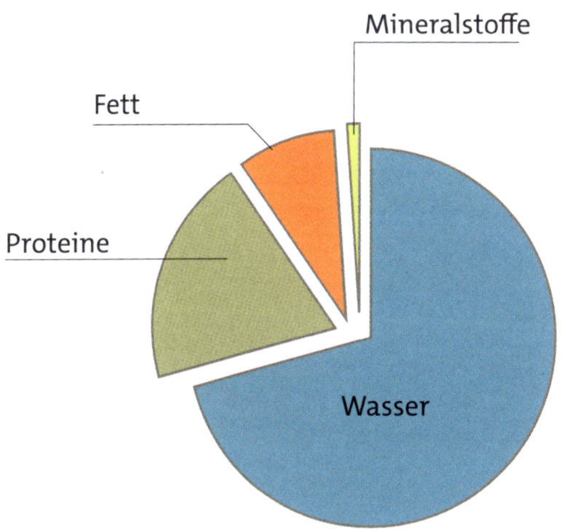

Brennnesselkraut, frisch

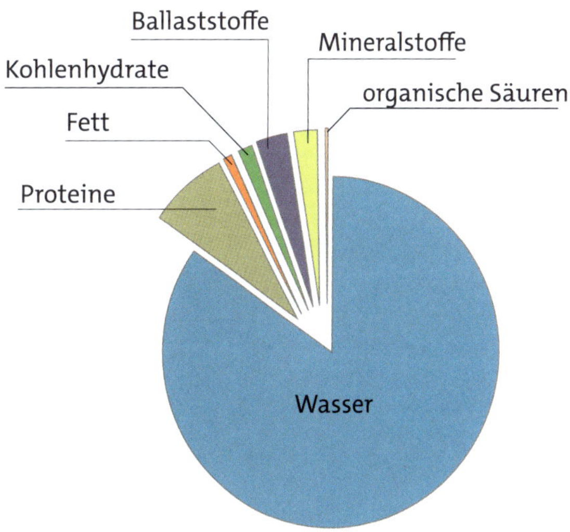

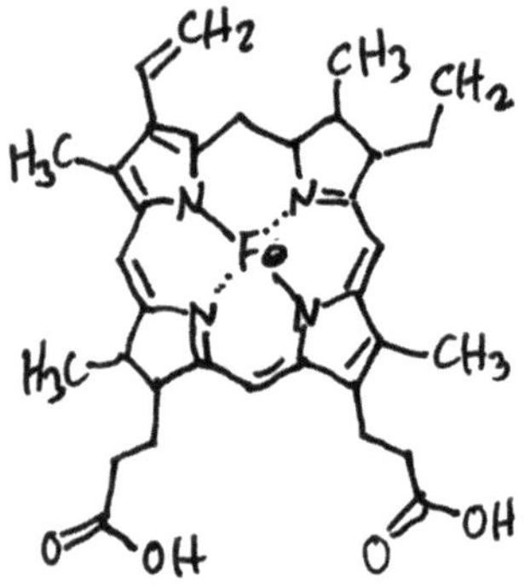

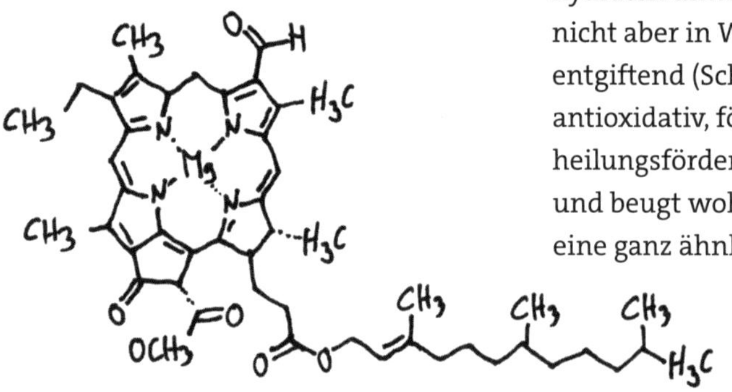

Oben: Hämoglobin.
Unten: Chlorophyll.

Chlorophyll

Chlorophyll leitet sich, wie viele botanische Begriffe, aus dem Altgriechischen her: *chloros* bedeutet »gelblich-grünlich« und *phyllon* »Blatt«. Es ist der Farbstoff, der die Pflanzen grün färbt. Chlorophyll kann Sonnenlicht absorbieren und mit dieser Energie das Kohlendioxid aus der Luft mit Wasser zu Kohlenhydraten umwandeln. In Fett oder Öl ist Chlorophyll löslich, nicht aber in Wasser. Es wirkt vitalisierend, blutbildend, entgiftend (Schwermetalle), radioprotektiv, krebshemmend, antioxidativ, fördert einen regelmäßigen Stuhlgang, ist wundheilungsfördernd, sorgt für einen angenehmen Körpergeruch und beugt wohl einer Demenz vor. Übrigens hat Chlorophyll eine ganz ähnliche Zusammensetzung wie unser Blut.

Mineralstoffe und Spurenelemente

Kieselsäure ist eine Sauerstoffsäure des Siliciums und ein lebensnotwendiges Spurenelement, das für den Aufbau und den Erhalt des Stützgerüstes bei pflanzlichen und tierischen Lebewesen unentbehrlich ist. Sie gewährt Festigkeit und Elastizität. Bei Tier und Mensch kommt sie in Bindegewebe, Haut, Knochen und Blutgefäßen vor. Kieselsäure ist wasserlöslich und bindet Gerüche. Sie wirkt gewebestärkend, wundheilungsfördernd, desodorierend.
Silicium (lat. *silex*, »Kiesel«) ist ein Halbmetall und wichtiges Spurenelement für den Körper. Reines Silicium kommt in der Natur nicht vor, es liegt nur in Form von verschiedenen Kieselsäuren, Kieselerde oder Salzen, sogenannten Silikaten, vor. Es ist für Knochen, Bindegewebe sowie für die Haare und Nägel wichtig. Siliziummangel führt unter anderem zu Wachstumsstörungen des Knochengerüstes.

Calcium ist ein sehr wichtiger Mineralstoff, der bei vielen verschiedenen Stoffwechselabläufen beteiligt ist. Beispielsweise benötigen Knochen und Zähne Calcium, aber auch die Funktion von Enzymen ist von einer ausreichenden Versorgung abhängig. Es ist vor allem in der Brennnesselwurzel enthalten.
Natrium ist ein häufig vorkommendes, hochreaktives Alkalimetall und ein Elektrolyt. Im menschlichen Körper kommt es als positiv geladene Ionen (Na^+) vor und erfüllt viele verschiedene Aufgaben beispielsweise im Blut und bei der Flüssigkeitsverteilung in der Zellumgebung. Zudem spielt es eine wichtige Rolle bei der Funktion von Nerven und Muskeln.
Mangan wird für den Aufbau von Knochen und Knorpelgewebe benötigt und spielt eine wichtige Rolle beim Energiestoffwechsel. In der Brennnessel ist besonders viel davon enthalten.
Eisen wird für die Bildung der roten Blutkörperchen benötigt, die den Sauerstoff in die Zellen transportieren. Die Brennnessel ist ein hervorragender Eisenlieferant für unseren Körper und führt nicht, wie viele andere Eisenpräparate, zu Verstopfung.
Kalium reguliert den Wasserhaushalt im Körper, und beeinflusst Stoffwechselreaktionen vor allem in den Muskeln.
Magnesium, ein wichtiges Antioxidans, verhilft zu einer starken Knochenstruktur und wird für die Leitung von Nervenimpulsen benötigt. Es ist reichlich in der Brennnessel vorhanden.
Zink ist Bestandteil vieler Enzyme, es ist wichtig für das Immunsystem und für das Wachstum der Haut.
Phosphor braucht es für die Festigkeit von Knochen und Zähnen und für die Energieumwandlung in unserem Körper.

Berge von Magnesium, an der Küste von Durham, Großbritannien.

Vitamine

Vitamin C (Ascorbinsäure) stärkt unser Immunsystem und fördert die Eisenaufnahme im Körper. In Brennnesseln ist der Gehalt an Vitamin C fünf bis sechs Mal so hoch wie in einer Zitrone. Die Konzentration ist jedoch stark schwankend; junge Pflanzen enthalten besonders viel Vitamin C.

Kräuter und Insekten als Nahrung der Zukunft? Vitamin B12 durch Ausscheidungen von Insekten auf den Blättern.

Provitamin A ist bekannt als der orangefarbene Pflanzenfarbstoff Karotin. Er ist für das Wachstum der Haut, der Haare, für die Augen und die Schleimhäute zuständig.
Vitamin-B-Komplex ist wichtig für den Energie- und Nervenstoffwechsel. Vitamin B12 zum Beispiel ist ein für uns essenzielles Vitamin. Vegetariern und vor allem Veganern wird dringend empfohlen, ihre Nahrung damit zu ergänzen. Wir können es aber auch über die Brennnessel zu uns nehmen – wenn wir sie nicht waschen. Vitamin B12 kommt nämlich in Insekten und deren Ausscheidungen vor. Ich esse seit Jahren kaum tierische Produkte, aber ich wasche normalerweise diese wertvollen Vitamine nicht von Wildkräutern und Früchten ab.[6]
Vitamin K gehört zu den fettlöslichen Vitaminen. Es wird vor allem für die Bildung von Gerinnungsfaktoren im Blut benötigt. Es verhindert aber auch Kalkablagerungen und hemmt den Knochenabbau. In Grünpflanzen, so auch in der Brennnessel, ist Vitamin K in Form von Phyllochinon (Vitamin K1) enthalten.
Vitamin E ist ebenfalls fettlöslich. Es gewährleistet den Schutz unserer Körperzellen vor Radikalen, stärkt das Immunsystem und vermindert das Risiko von Arteriosklerose.

Phytohormone

Glukokinin kann – wie das menschliche Hormon Insulin – den Zuckergehalt im Blut vermindern. Es ist außer in der Brennnessel auch in Zwiebeln enthalten, die als Nahrungsmittel empfohlen werden, um den Blutzuckerspiegel zu senken.[7]
Serotonin ist ein Hormon, das an verschiedenen Prozessen im Körper beteiligt ist. Es wird überwiegend im Darm gebildet, steuert Appetit und Antrieb, Schlaf-Wach-Rhythmus, das Schmerzempfinden, und es beeinflusst die Körpertemperatur.[8] In der Zirbeldrüse wird Serotonin in Melatonin umgewandelt, das für einen guten Schlaf von Bedeutung ist. Serotonin stimuliert die Thrombozyten (Blutplättchen), die eine wichtige Rolle bei der Blutgerinnung einnehmen. Zudem beeinflusst es die

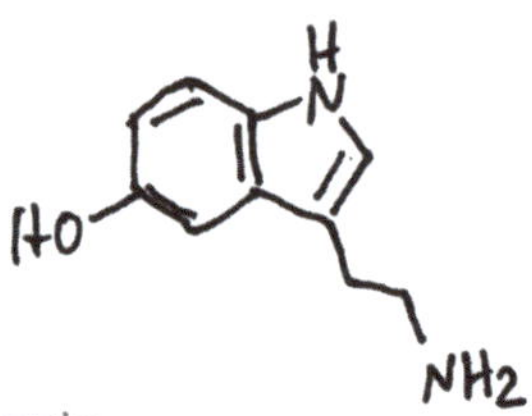

Serotonin

Weite der Blutgefäße und der Bronchien. Serotonin wird aber auch im Gehirn hergestellt und wirkt dort als Botenstoff positiv auf unsere Stimmung (»Glückshormon«) und unsere Emotionen. Direkt über die Nahrung kann Serotonin nicht aufgenommen werden. Lediglich die Vorstufe L-Tryptophan oder 5-HTP ist in mehreren Lebensmitteln enthalten, das dann im Darm bzw. im Gehirn in Serotonin umgewandelt wird. In den Brennhaaren der Brennnessel jedoch steckt Serotonin und wird bei Berührung direkt unter die Haut injiziert.

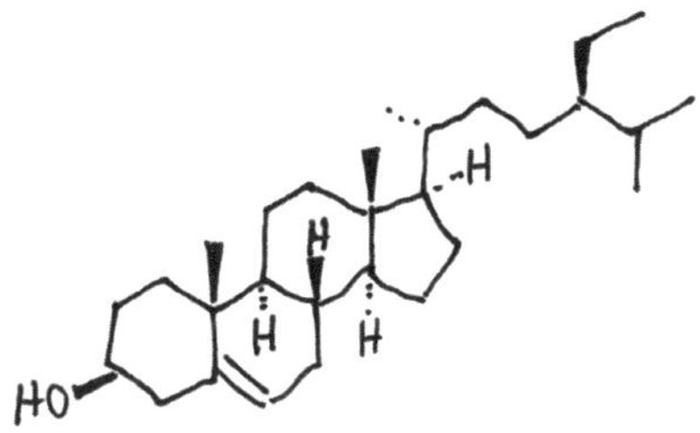

Sitosterol

Sitosterol ist ein hormonähnlicher Stoff, der in den männlichen Hormonhaushalt eingreift und die Beschwerden bei gutartiger Prostatavergrößerung vermindert.[9]

Flavonoide

Der wasserlösliche gelbe Pflanzenfarbstoff bildet mit Metallen komplexe Verbindungen (Chelatbildner), es ist hitzestabil und nebenwirkungsfrei. Flavonoide schützen Kapillargefäße und Zellen, sind entzündungshemmend, antioxidativ, antihepatotoxisch, blutdrucksenkend, fördern die arterielle Durchblutung, sind blutstillend, radioprotektiv, antiallergen und schweißtreibend. Die Brennnessel ist reich an Flavonoiden.

Scopoletin

Das Cumarinderivat ist hauptsächlich in der Wurzel der Brennnessel enthalten. Es kommt in vielen Pflanzen vor, die medizinisch psychoaktiv genutzt werden,[10] zum Beispiel die Passionsblume. Scopoletin wird eine blutdrucksenkende, entkrampfende Wirkung zugesprochen. Außerdem beeinflusst es die Blutgerinnung.

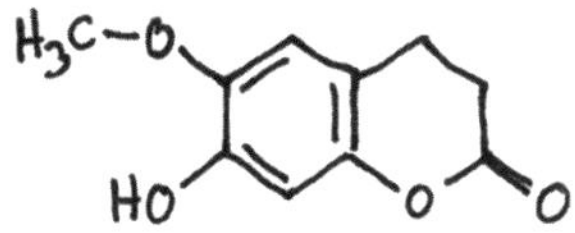

Scopoletin

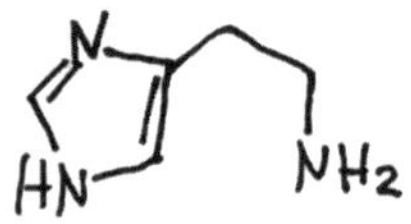

Histamin

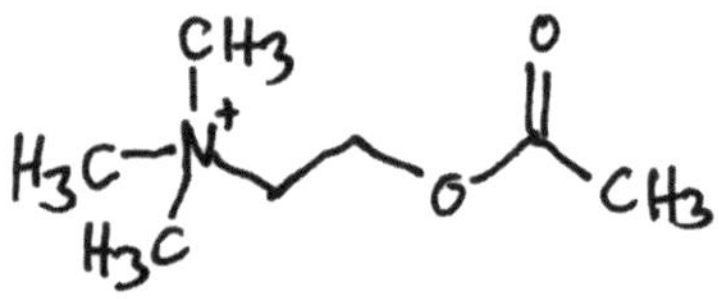

Acetylcholin

Neurotransmitter

Histamin ist ein Nervenbotenstoff, der vor allem als Vermittler bei Entzündungsprozessen wirkt. In der Brennnessel ist es in der Brennflüssigkeit enthalten. Es kann die Blutkapillaren erweitern. Bei einer Histaminintoleranz kann es zu Reaktionen wie Quaddeln, Hautrötungen, Juckreiz, Unwohlsein und Kopfschmerzen kommen. Das ist wissenschaftlich gesehen keine Allergie, weil die Überreaktion nicht durch das Immunsystem verursacht wird. Außerdem wirkt Histamin auf unseren Schlafrhythmus, auf Appetit, Konzentration, Gedächtnis und Emotionen.

Acetylcholin ist die wichtigste Substanz bei der Erregungsübertragung von den Nerven- zu den Muskelfasern in unserem Körper. Es ist für den brennenden Schmerz verantwortlich, wenn die Brennflüssigkeit in die Haut eindringt. Außerdem steuert es viele vegetative Funktionen wie Herzschlag, Atmung und Verdauung. Ein Mangel an Acetylcholin spielt bei nachlassenden Gehirnfunktionen wie Alzheimer eine zentrale Rolle.[11] Bei der Alzheimerschen Krankheit sterben vor allem Acetylcholin produzierende Nervenzellen ab. Für Lernvorgänge spielt Acetylcholin vermutlich eine zentrale Rolle. Vermutet wird ein Einfluss auf den Antrieb des Menschen.[12] Es erhöht die Adrenalinsekretion. Acetylcholin wirkt auch blutstillend, weil es Arterien verengt und Kapillargefäße erweitert.

Saponine

Saponine sind wasserlösliche Glycoside. Ein Teil des Moleküls ist wasserlöslich, ein anderer fettlöslich, sodass Saponine Fett und Wasser emulgieren können. Saponine schmecken meist bitter und etwas scharf. Sie erhöhen die Drüsenaktivität, wirken blutreinigend und schleimlösend. Die Oberflächenspannung des Wassers kann durch Saponine herabgesetzt werden, und es kann sich Schaum bilden.

Nikotin

Die Brennnessel kann Spuren des Alkaloids Nikotin entwickeln, wenn sie von Raupen angefressen wird. So zügelt sie den Appetit der Tierchen und schützt sich selbst.[13]

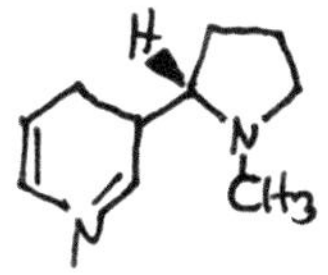

Nikotin

Zystolithen

Zystolithen (griech. *kystis*, »Beutel, Blase«, und *lithos*, »Stein«) sind Verdickungen einer Pflanzenzellwand, in der starke Ablagerungen von Calciumcarbonat enthalten sind. Besonders in älteren Blättern der Brennnessel findet man diese Verdickungen. Zystolithen können nierenreizend wirken.[14] Darum sollte man nur die jungen Blätter und Triebe der Brennnessel zum Verzehr verwenden.

Inhaltsstoffe der Brennnessel im Vergleich

In der folgenden Tabelle sind die in der Brennnessel enthaltenen Nährstoffe im Vergleich mit Spinat, Zitrone, Avocado und Fleisch aufgelistet. Die Werte der wild wachsenden Pflanze können jedoch sehr schwanken; angegeben sind Mittelwerte.

Die Brennnessel enthält etwa sechsmal so viel Vitamin C wie Zitronen, fast fünfmal so viel Proteine wie Avocado. Es hat den halben Proteingehalt und etwa doppelt so viel Eisen wie Fleisch. Ansonsten ist der Gehalt an Mineralstoffen enorm. Insbesondere Calcium, Magnesium, Zink und Phosphor sind besonders hervorzuheben, zumal diese Stoffe oft als Nahrungsmittelergänzung eingenommen werden.

Inhaltsstoffe Brennnessel im Vergleich

Inhaltsstoff pro 100 g	Brennnessel	Spinat	Zitrone	Avocado	Rindfleisch
Nährwerte					
Energie	42 kcal/175 kJ	19 kcal/ 79 kJ	36 kcal/152 kJ	130 kcal/ 546 kJ	155 kcal/ 651 kJ
Fett	610 mg	300 mg	600 mg	12.500 mg	8.580 mg
Kohlenhydrate	1.309 mg	610 mg	3.160 mg	3.550 mg	/
Eiweiß (Protein)	7.370 mg	2.814 mg	700 mg	1.370 mg	19.600 mg
Salz	203 mg	89 mg	5 mg	4.100 mg	89 mg
Ballaststoffe	3.110 mg	1.800 mg	1.300 mg	1.280 mg	/
Mineralstoffe	2.260 mg	1.685 mg	500 mg	1.280 mg	975 mg
Vitamine					
Vitamin A Retinoläquivalent	400 µg	795 µg	1 µg	19 µg	3 µg
Vitamin A Beta-Carotin	2.400 µg	4.771 µg	3 µg	112 µg	3 µg
Vitamin E Alpha-Tocopheroläquivalent	800 µg	1.347 µg	400 µg	2.030 µg	456 µg
Vitamin E Alpha-Tocopherol	800 µg	1.347 µg	400 µg	1.470 µg	456 µg
Vitamin B1 Thiamin	200 µg	92 µg	51 µg	70 µg	88 µg
Vitamin B2 Riboflavin	150 µg	202 µg	20 µg	100 µg	184 µg
Vitamin B3 Niacin, Nicotinsäure	800 µg	620 µg	170 µg	1.010 µg	4.916 µg
Vitamin B3 Niacinäquivalent	4.850 µg	1.403 µg	253 µg	1.010 µg	8.549 µg
Vitamin B5 - Pantothensäure	300 µg	250 µg	270 µg	/	570 µg
Vitamin B6 - Pyridoxin	160 µg	221 µg	60 µg	270 µg	181 µg
Vitamin B7 - Biotin (Vitamin H)	0,5 µg	7,0 µg	0,5 µg	/	2,8 µg
Vitamin B9 - gesamte Folsäure	30 µg	141 µg	6 µg	20 µg	3 µg
Vitamin C - Ascorbinsäure	333.000 µg	50.581 µg	50.675 µg	/	/
Mineralien					
Natrium	80 mg	69 mg	2 mg	/	49 mg
Kalium	475 mg	554 mg	170 mg	550 mg	284 mg
Calcium	713 mg	117 mg	11 mg	14 mg	4 mg
Magnesium	80 mg	62 mg	28 mg	25 mg	19 mg
Phosphor	138 mg	46 mg	16 mg	49 mg	160 mg
Schwefel	40 mg	20 mg	12 mg	/	181 mg
Chlorid	150 mg	54 mg	5 mg	12 mg	54 mg
Spurenelemente					
Eisen	4.120 µg	3.417 µg	450 µg	440 µg	2.212 µg
Zink	1.020 µg	743 µg	130 µg	644 µg	4.989 µg
Kupfer	240 µg	91 µg	129 µg	390 µg	74 µg
Mangan	1.260 µg	599 µg	45 µg	186 µg	10 µg
Fluorid	80 µg	75 µg	10 µg	51 µg	20 µg
Jodid	3,0 µg	11,6 µg	1,6 µg	3,0 µg	0,2 µg
Kohlenhydrate					
Glucose (Traubenzucker)	246 mg	137 mg	1.400 mg	3.550 mg	/
Fructose (Fruchtzucker)	284 mg	128 mg	1.350 mg	/	/
Monosaccharide (1 M)	530 mg	265 mg	2.750 mg	3.550 mg	/
Saccharose (Rübenzucker)	317 mg	201 mg	410 mg	/	/
Disaccharide (2 M)	317 mg	201 mg	410 mg	/	/
Zucker (gesamt)	847 mg	466 mg	3.160 mg	3.550 mg	/
Stärke	462 mg	144 mg	/	/	/
Polysaccharide (> 9 M)	462 mg	144 mg	/	/	/

Datenquelle: Bundeslebensmittelschlüssel (BLS), zusammengestellt von vitamine.com. Zugriff: 28.1.2020: www.vitamine.com/lebensmittel

Inhaltsstoff pro 100 g	Brennnessel	Spinat	Zitrone	Avocado	Rindfleisch
Ballaststoffe					
Poly-Pentosen	404 mg	229 mg	195 mg	/	/
Poly-Hexosen	435 mg	229 mg	130 mg	/	/
Poly-Uronsäure	746 mg	382 mg	195 mg	/	/
Cellulose	1.400 mg	883 mg	650 mg	/	/
Lignin	124 mg	76 mg	130 mg	/	/
Wasserlösliche Ballaststoffe	1.320 mg	1.360 mg	377 mg	4.100 mg	/
Wasserunlösliche Ballaststoffe	1.790 mg	1.220 mg	923 mg	/	/
Aminosäuren					
Isoleucin	341 mg	138 mg	24 mg	65 mg	973 mg
Leucin	654 mg	219 mg	22 mg	117 mg	1.583 mg
Lysin	573 mg	185 mg	44 mg	117 mg	1.643 mg
Methionin	164 mg	50 mg	12 mg	/	486 mg
Cystein	92 mg	44 mg	11 mg	/	226 mg
Phenylalanin	393 mg	127 mg	31 mg	78 mg	804 mg
Tyrosin	323 mg	92 mg	17 mg	/	646 mg
Threonin	356 mg	127 mg	12 mg	78 mg	880 mg
Tryptophan	243 mg	47 mg	5 mg	/	218 mg
Valin	403 mg	162 mg	31 mg	104 mg	1.065 mg
Arginin	495 mg	150 mg	52 mg	78 mg	1.175 mg
Histidin	139 mg	61 mg	12 mg	/	646 mg
Essentielle Aminosäuren	4.176 mg	1.402 mg	273 mg	637 mg	10.345 mg
Alanin	443 mg	190 mg	51 mg	91 mg	1.297 mg
Asparaginsäure	738 mg	324 mg	120 mg	183 mg	1.828 mg
Glutaminsäure	882 mg	426 mg	100 mg	196 mg	3.191 mg
Glycin	399 mg	173 mg	84 mg	91 mg	1.184 mg
Prolin	359 mg	155 mg	46 mg	78 mg	936 mg
Serin	373 mg	144 mg	24 mg	91 mg	819 mg
Nichtessentielle Aminosäuren	3.194 mg	1.412 mg	425 mg	730 mg	9.255 mg
Harnsäure	60 mg	57 mg	20 mg	/	105 mg
Purin	20 mg	19 mg	7 mg	/	35 mg
Fettsäuren					
Dodecansäure/Laurinsäure	2 mg	/	/	1 mg	46 mg
Tetradecansäure/Myristinsäure	1 mg	2 mg	3 mg	6 mg	279 mg
Hexadecansäure/Palmitinsäure	84 mg	33 mg	122 mg	2.627 mg	2.120 mg
Octadecansäure/Stearinsäure	4 mg	1 mg	7 mg	84 mg	1.098 mg
Eicosansäure/Arachinsäure	5 mg	/	/	10 mg	14 mg
Gesättigte Fettsäuren	96 mg	36 mg	132 mg	2.765 mg	3.724 mg
Hexadecensäure/Palmitoleinsäure	5 mg	6 mg	3 mg	1.145 mg	356 mg
Octadecensäure/Ölsäure	12 mg	11 mg	35 mg	6.930 mg	3.316 mg
Einfach ungesättigte Fettsäuren	17 mg	17 mg	38 mg	8.112 mg	3.893 mg
Octadecadiensäure/Linolsäure	178 mg	31 mg	218 mg	1.509 mg	237 mg
Octadecatriensäure/Linolensäure	191 mg	149 mg	91 mg	111 mg	104 mg
Mehrfach ungesättigte Fettsäuren	369 mg	180 mg	309 mg	1.620 mg	395 mg
Langkettige Fettsäuren	482 mg	233 mg	479 mg	12.493 mg	7.969 mg
Omega-3-Fettsäuren	191 mg	149 mg	91 mg	111 mg	119 mg
Omega-6-Fettsäuren	178 mg	31 mg	218 mg	1.509 mg	276 mg
Glycerin und Lipoide	129 mg	67 mg	121 mg	1 mg	568 mg

DIE BRENNNESSEL ALS HEILPFLANZE

Schon in der Antike versuchten die Gelehrten, das Wissen über die Heilpflanzen zusammenzutragen und aufzuschreiben. Hippokrates von Kos (5.–4. Jh. v. u. Z.) erwähnt die Brennnessel als blutreinigende Pflanze. Phainias von Eresos (4. Jh. v. u. Z.) verfasste ein Buch über Pflanzen und widmete der Brennnessel ein ausführliches Kapitel. Ovid und Horaz sangen um die Zeitenwende Loblieder auf die Brennnessel. Die Druiden und weisen Frauen schrieben ihr Wissen aus gutem Grund nicht auf; es sollte nicht in falsche Hände geraten. Mit Inquisition und Hexenverbrennungen wurde dann systematisch versucht, den Menschen das Wissen über Kräuter, ihre magischen Praktiken und ihre Verbindung zu den Naturwesen auszutreiben. Doch im Verborgenen bewahrten mutige Heilerinnen und Heiler den wertvollen Schatz.

Im Mittelalter unterteilte man die Kräuter in gute und böse. Es gab eine große Gruppe, die zum Teufelszeug erklärt wurde. Ihre Verwendung wurde untersagt, unter ihnen die anregenden Kräuter, die zum Beispiel dem Bier beigegeben wurden. Bier wurde früher von Frauen gebraut. An seinem Ursprung stand vermutlich die Beobachtung, dass Brot in etwas Wasser zum Gären kam. Als man feststellte, dass die Gärung das verunreinigte Wasser in den Städten bekömmlicher machte, etablierte sich diese Technik. Es wurden verschiedene anregende oder beruhigende Kräuter hinzugemischt, und so konnten die Frauen sogar die Stimmung in der Familie oder im Klan beeinflussen. Bier war in vielen Kulturen ein Kultgetränk für die Jahresfeste. Die Kirche erkannte die Bedeutung und den Einfluss dieses Getränkes und griff regulierend ein. Sie übertrug das Bierbrauen Mönchen und Nonnen. Und mit dem Deutschen Reinheitsgebot wurden die Inhaltsstoffe des Bieres genau festgelegt. Brennnessel und Gundermann als anregende Zutaten verschwanden, nur der beruhigende Hopfen durfte fortan verwendet werden.[15] Später entwickelte sich das Bier dann zu einem Handwerk und einem Handelsgut. Die Brauereien wurden nun in Zünften organisiert. Damit verschwand das Brauen aus den heimischen Küchen.

Bier war ein Kultgetränk mit verschiedenen Wildkräutern. Pia Morgenrot knüpft mit ihrem G'Broi daran an.

Wichtigen Kräutern, die unverzichtbar waren, wurden Namen kirchlicher Heiliger übergestülpt, die oft die Namen heidnischer oder von Naturgottheiten ersetzten. Die Betreuung von Kranken übernahmen Mönche und Nonnen. Außerdem waren die Klöster die Hüter des Wissens. In ihren Bibliotheken hatten sich viele der antiken Bücher und Traktate erhalten. Im Hoch- und Spätmittelalter fingen Gelehrte wieder an, Kräuter und ihre Heilkräfte zu beschreiben. Die Universalgelehrten Hildegard von Bingen (12. Jh.), Albertus Magnus (13. Jh.), im 16. Jahrhundert dann der Arzt und Botaniker Hieronymus Bock sowie der Philosoph und Arzt Leonhard Fuchs, um nur einige zu nennen, schrieben Bücher über Kräuter und ihre Anwendung für Heilzwecke. Sie schätzten die Brennnessel und ihre vielfältigen Anwendungen sehr, im Gegensatz zu Nonnen und Mönchen, denen die Pflanze eher suspekt war. Besonders die Brennnesselsamen sind so vitalisierend, dass ihnen die Einnahme untersagt war. Doch weil die Brennnessel so wirksam und heilkräftig ist und überall wächst, konnte die Pflanze nie ganz verteufelt und verbannt werden.

Brennnesselyogi Milarepa.

In Völkern mit ganzheitlichem Naturverständnis wurde die Brennnessel zu jeder Zeit geschätzt. Der buddhistische Yogi, Dichter und Lehrer Milarepa (geboren 1052) wird in Tibet als spiritueller Lehrer sehr verehrt. Auf Bitten seiner Mutter hatte er als Junge schwarze Magie erlernt, um sich an der betrügerischen Verwandtschaft zu rächen. Darauf starben durch ihn mehrere Menschen. Als er erkannte, dass Rache zu immer noch mehr Leid führt, suchte er einen buddhistischen Mönch auf, um sein Karma zu reinigen. Nach einer langen Zeit mühevoller Arbeit und harter Behandlung erlangte er schließlich durch Meditation, Atemtechnik und Kräuterernährung eine solche Leichtigkeit, dass sein Körper ihm keinerlei Begrenzung mehr bedeutete, und, so wird geschrieben, er schweben konnte.[16] Er verbrachte viele Jahre in den Höhlen des Berges Kailash, wo er sich von den dort wachsenden Nesseln ernährte; deshalb wird er oft grün dargestellt. Eine Höhle, in der er sich besonders oft aufhielt, wird sogar Nesselhöhle genannt. Noch heute gibt es Pilger, die sich

Höhle im Berg Kailash.

auf Knien um den Berg bewegen, um ihr Bewusstsein zu wecken. Sie bekommen Brennnesseln als heilige Speise gereicht.

Doch auch in unserer Kultur gab es immer wieder kräuterkundige Menschen, die sich der Pflanze widmeten. Der Schweizer Kräuterpfarrer JOHANN KÜNZLE (1857–1945) sagte: »Hätte die Brennnessel keine Stacheln, wäre sie schon längst ausgerottet worden, so vielseitig sind ihre Tugenden!«[17] KÜNZLE war das jüngste von zwölf Geschwistern einer Bauernfamilie. Um aufs Gymnasium gehen zu können, wählte er den Beruf des Pfarrers. Tätig war er dann als Seelsorger und Kräuterheiler und veröffentlichte einige sehr erfolgreiche Bücher. Dies missfiel einigen Ärzten, die sein Wirken juristisch unterbinden wollten. Durch seine großen Heilerfolge hatte er jedoch so viele Unterstützer, dass er später auch offiziell behandeln durfte.

Der Begründer der Anthroposophie RUDOLF STEINER (1861–1925) bezeichnete die Brennnessel als »Allerweltskerl« und meinte, sie müsste eigentlich den Menschen ums Herz herum wachsen, denn was das Herz im Menschen ist, das sei sie für die Natur.[18]

MARIA TREBEN (1907–1991), eine bekannte österreichische Heilkräuterkundige und Buchautorin, sagte über die Pflanze: »Niemals kann sich Bösartiges bilden, wenn wir unsere gute Brennnessel nicht nur ehren, sondern in regelmäßigen Abständen uns ihre wunderbare Kraft in Form von Tee einverleiben.« MARIA TREBEN trank regelmäßig Brennnesseltee, nutzte Brennnesseln für die Haarwäsche, verwendete und empfahl Tinkturen und Fußbäder mit Brennnessel.[19]

»Die Brennnessel hat in der Tat für Kenner den größten Wert.«
SEBASTIAN KNEIPP (1821–1897)

Der französische Pflanzenheilkundler MAURICE MESSÉGUÉ (1921–2017) brachte es so auf den Punkt: »Wenn man mir sagen würde, ich dürfte nur eine einzige Heilpflanze sammeln, dann wäre das zweifellos die Brennnessel.« Ähnlich wie JOHANN KÜNZLE wurde er juristisch angegangen, um seine heilerische Tätigkeit zu verhindern. Aufgrund seiner vielen Erfolge und durch prominente Unterstützer sind die zahlreichen und jahrelangen Klagen gegen ihn gescheitert, und er durfte weiter Menschen heilen.

Die Bandbreite der Wirkungen

Die Brennnessel verfügt, wie wir gesehen haben, über viele unterschiedliche Wirkstoffe in ihren verschiedenen Pflanzenteilen. Deshalb ist die Bandbreite ihrer Wirkungen und Anwendungen sehr groß (siehe Aufzählung rechts).

Die Brennnessel wirkt auf alle Organe aktivierend und harmonisierend. Sie bringt die Energien in Fluss und schärft unser Bewusstsein, unser Körpergefühl und somit auch generell die Wahrnehmung unserer Sinne. Die stärkende Wirkung kann euphorisierend sein, im Frühjahr geradezu überschäumend. Svenja Zuther schätzt sie für Reinigungs- und Entgiftungskuren auf allen Ebenen und für eine gesunde Aggressionskraft.[20] Maurice Mességué schreibt sogar, dass es keine Entschuldigung gibt, sich keinen Brennnesselvorrat anzulegen. Denn jeder kann die Pflanze erkennen, sie wächst an jedem Ort.[21] Sie wirkt bei so vielen Beschwerden, dass allein diese eine Pflanze für die meisten Beschwerden hilfreich ist.

Aus der Volksheilkunde sind Heilanwendungen mit der Brennnessel für zahlreiche Beschwerden überliefert. Wissenschaftlich bestätigt wurde die Wirksamkeit insbesondere bei Rheuma- und Harnwegserkrankungen, bei Prostata- und Reizblasen-Beschwerden, vorbeugend bei Nierengrieß und bei entzündlichen Erkrankungen der ableitenden Harnwege.

In den Jahreszeitenkapiteln dieses Buches finden sich viele Rezepte. Einige davon habe ich selbst schon angewendet. Teilnehmerinnen meiner Kräuterwanderungen oder Seminare haben mir von anderen positiven Erfahrungen bei der Anwendung berichtet. Selbstverständlich ersetzen sie bei schwerwiegenden Krankheiten den Arztbesuch nicht. Sie können aber gut begleitend oder vorbeugend verwendet werden. Bei Pflanzen ist Verantwortung für sich selbst, die eigenen Sinne, Intuition und Körpergefühl gefragt. Jeder Mensch reagiert anders, hat einen anderen Stoffwechsel. Auch die Pflanzen können je nach Jahreszeit und Standort sehr unterschiedlich in der Wirkung sein. Tiere erkennen, welche Kräuter sie zu sich nehmen müssen, um Beschwerden zu lindern. Vor Urzeiten waren auch unsere Sinne noch so fein, dass wir erspüren konnten, was wir

Wirkungsweise der Brennnessel

- tonisierend
- blutbildend
- stoffwechselanregend
- durchblutungsfördernd
- immunstärkend
- antiallergen
- entgiftend
- harntreibend
- schleimlösend
- auswurffördernd
- schweißtreibend
- trocknend und erwärmend
- krampflösend
- schmerzlindernd
- antiarthrotisch
- entzündungshemmend
- zellerneuernd
- milchbildend
- hormonell ausgleichend
- nervenstärkend
- blutstillend
- blutdrucksenkend
- blutzuckersenkend
- euphorisierend
- aphrodisierend

Beim Berühren können kleine Pusteln entstehen. Wegerich oder Ampfer darauf gedrückt, können das Brennen lindern.

brauchen. Man muss aber auch keine Angst haben, die Brennnessel zu verwenden; sie enthält keine Alkaloide oder sonstigen Inhaltsstoffe, die im Übermaß zu Schäden führen könnten. Sie kann zwar zunächst unangenehme Reaktionen auslösen, wie Brennen auf der Haut bei Berührung der Brennhaare oder bei der Entgiftung des Körpers eine kurze Verschlimmerung von Hautausschlägen. Die Brennnessel reizt, bringt Stockendes in Fluss, da braucht es manchmal einen stärkeren Impuls, den die Pflanze gerne bietet. Manche Menschen reagieren jedoch sehr stark auf die Brennflüssigkeit. Diese Menschen sollten die frische Pflanze besser meiden. Getrocknet brennt sie dann nicht mehr.

Zur Entgiftung und Durchspülung sollte man sie nicht verwenden, wenn Herz und Nieren sehr schwach sind und es deshalb Stauungen und Wasseransammlungen insbesondere in den Beinen gibt. Bei Menschen, deren zentrale Organe nicht mehr aktiviert werden können, soll in diesem Stadium die Brennnessel nicht mehr eingesetzt werden, da es die Organe überfordern würde. Ansonsten sind für die getrockneten Blätter der Brennnessel keine Nebenwirkungen bekannt. Zubereitungen der Wurzel können gelegentlich leichte Magen-Darm-Beschwerden hervorrufen.

Neben der Nutzung ihrer Heilwirkung wurde die Brennnessel auch zurate gezogen, um den Zustand eines Kranken zu beurteilen. Legte man eine Pflanze in den Urin eines Patienten und die Brennnessel behielt ihre grüne Farbe über mehrere Tage hinweg, war der Kranke auf dem Weg der Besserung. Wurde die Pflanze unansehnlich und fiel zusammen, war der Mensch dem Tode nah, hieß es.

HEILANWENDUNGEN

Ausscheidungsorgane

Brennnesseln wirken leicht harntreibend. Der hohe Kaliumgehalt zusammen mit der entzündungshemmenden Kaffeoylapfelsäure und Chlorogensäure bewirken ein Durchspülen von Blase, Niere und Harnwegen. Bei Entzündungen der Harnwege und Nierengrieß hilft Brennnesseltee, -tinktur, Gemüse, der Frischpresssaft und auch Brennnesselbier. Bakterien werden schneller ausgeschieden, Entzündungen gehen zurück. Dabei sollte genügend Flüssigkeit getrunken werden. Ein Mineralstoffverlust ist nicht zu befürchten, da die Brennnessel diese gleich mitliefert.

Wirksam ist auch eine Brennnesselkur zur Entgiftung des Körpers nach dem Winter, wenn der Körper verschleimt ist und alles wieder in Fluss gebracht werden soll, um Ablagerungen abzubauen. Insbesondere Schwermetalle kann die Brennnessel binden und ausleiten. Bei durch Amalgam verursachten Quecksilbervergiftungen ist Brennnesseltee wirksam. Ähnlich wie Chlorella-Algen gibt es auch Brennnesseltabletten zur Ausleitung zu kaufen. Frische oder getrocknete Brennnesselblätter wirken ebenso.

Anwendungen für die Ausscheidungsorgane

- Brennnesseltee (3-mal 1 Tasse)
- Brennnesseltinktur (3-mal 10 Tropfen)
- Brennnesselgemüse
- Frischpflanzenpresssaft
- Brennnesselwasser
- Brennnesselbier

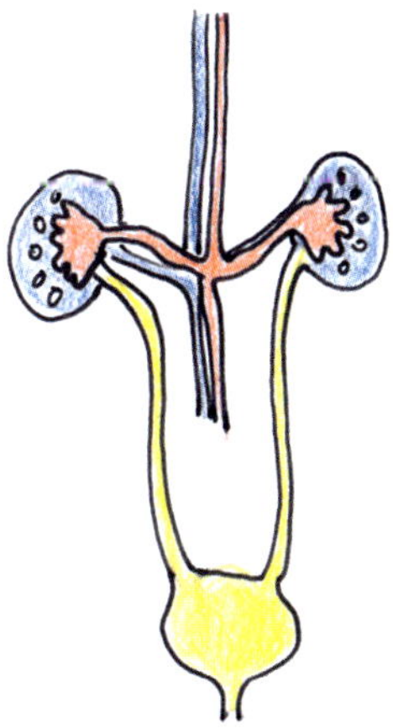

Nieren und Blase

Muskeln, Knochen und Sehnen

Brennnesseln fördern die Harnsäureausscheidung und hemmen die Freisetzung von Zytokinen, die Entzündungen bewirken können. Bei rheumatischen Beschwerden wie Arthritis, Arthrose, Ischias, Gicht, Hexenschuss, Tendinosen, Distorsionen und Fibromyalgie wirkt sie bei regelmäßiger Anwendung sehr effektiv. Die nicht-steroidalen Antirheumatika (NSAR) können als Schmerzmittel immer mehr reduziert, wenn nicht ganz weggelassen werden. Sie haben mitunter lebensgefährliche Nebenwirkungen und belasten unsere Gewässer. Das Medikament Diclofenac zum Beispiel wird in Deutschland als entzündungshemmendes und schmerzstillendes Medikament verkauft.

Heilanwendungen bei rheumatischen Beschwerden

- Brennnesseltee (3 x 1 Tasse)
- Brennnesselgemüse
- Frischpflanzenpresssaft
- Urtifikation

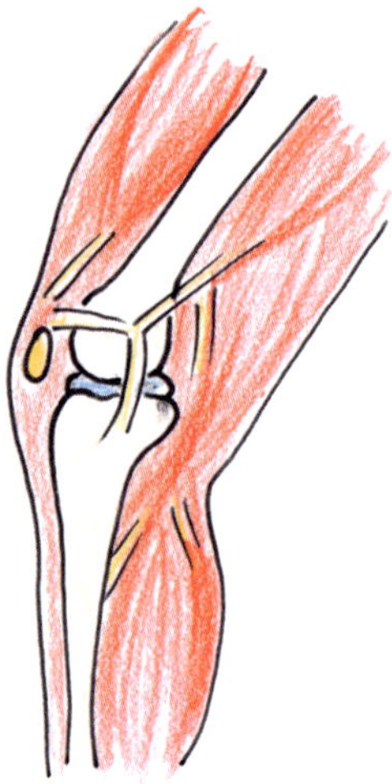

Kniegelenk mit Muskeln und Sehnen.

Insbesondere bei rheumatischen Beschwerden der Gelenke hilft die Brennnessel.

Jährlich werden 90 Tonnen des Antirheumatikums vermarktet, und rund 60 Prozent des Wirkstoffs gelangen durch die Ausscheidungen in unser Abwasser.[22] Zum Vergleich: In Langzeitstudien wurde Rheumapatienten täglich 50 Gramm Brennnesselmus gegeben. Es wirkte ebenso gut wie die zuvor verordneten Medikamente und ist im Gegensatz zu den Medikamenten nebenwirkungsfrei und verseucht keine Gewässer.[23] Tägliches Einreiben mit frischen, brennenden Nesseln kann arthrotische Hände wieder schmerzfrei machen.[24] Einerseits die Zytokinhemmung und andererseits die Durchblutungsförderung durch Serotonin bewirken, dass die Entzündungen und somit die Schmerzen zurückgehen und schädliche Stoffe durch das Blut abtransportiert werden. Der hohe Gehalt an Mineralstoffen wie Mangan, Kieselsäure und Silicium hilft beim Aufbau von Knochen, Knorpel und Bindegewebe. Auch Osteoporose lässt sich mit Brennnessel vorbeugen. Innerlich wirkt die Brennnessel in Form von Gemüsegerichten, als Tee, Tinktur oder Frischpresssaft. Äußerlich kann bei akuten Beschwerden die Tinktur eingerieben oder die Urtifikation angewendet werden. Bei Ischias kann man ein Vollbad mit 20 Gramm Brennnessel ausprobieren. Es gibt zudem verschiedene Präparate und Nahrungsergänzungsmittel mit Brennnessel, die bei entzündlichen Gelenkbeschwerden angeboten werden.

Hormone und Geschlechtsorgane

Heilanwendungen bei hormonellen Beschwerden

- Brennnesseltee
- Gemüse
- Salbe
- Sitzbad

Beschwerden beim Urinieren wegen vergrößerter Prostata (Prostataadenom) werden durch die Wurzel der Brennnessel gelindert. Die hormonähnlichen Stoffe wirken ausgleichend auf den Hormonhaushalt des Menschen, reduzieren Ödemwachstum, sind entzündungshemmend und harntreibend. Bei Beschwerden von Frauen mit Reizblase hilft die Wurzel ebenso. Tee, Tinktur oder Kapseln lassen die Beschwerden deutlich zurückgehen. Bei Prostatakrebs wird zudem eine retardierende Wirkung vermutet. Phytosterole wandeln Testosteron in

Dihydrotestosteron um, sodass das Prostatawachstum gehemmt wird.

Die Samen der Brennnessel enthalten ebenso Phytohormone. Bei Erschöpfung, sexueller Schwäche stärken sie die Libido, Potenz und Fruchtbarkeit. Ein von den alten Griechen überliefertes Rezept lautet: Zerstoße im Mörser Brennnesselsamen mit Pfeffer gemischt, vermenge es mit Wein, Ei, Honig und Pinienkernen. Diese Paste wirkt ähnlich stärkend wie Ginseng.[25]

Des Weiteren hilft die Brennnessel bei schmerzenden, aufgedunsenen Brüsten und bei unregelmäßiger, schmerzhafter oder zu starker Periode. Bei Wasseransammlungen in den Beinen, insbesondere vor der Menstruation oder bei Wechseljahrsbeschwerden wird Brennnessel ebenso empfohlen. In der Stillzeit wirkt die Brennnessel milchbildend. In der Schwangerschaft raten manche Pflanzenkundige von der Pflanze ab, da sie harntreibend und entwässernd ist. Außerdem gibt es keine Studien, welche Nebenwirkungen sie möglicherweise in der Schwangerschaft hat. Die blutbildenden und stärkenden Eigenschaften sind bei maßvollem Gebrauch jedoch auch in der Schwangerschaft förderlich. Die hormonausgleichende Wirkung der Wurzel kann außerdem das Wachstum von Myomen in der Gebärmutter mindern.

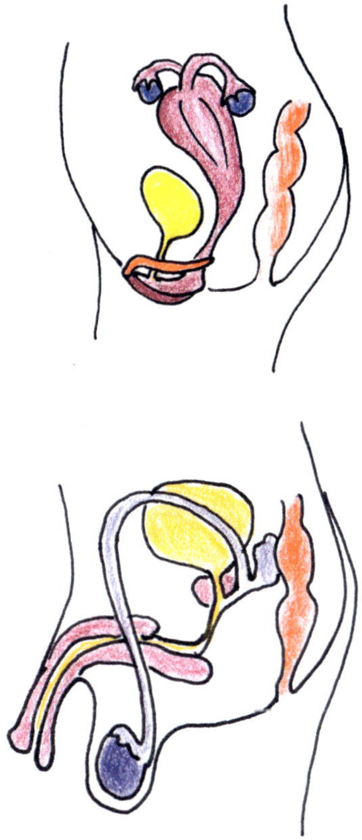

Geschlechts- und Ausscheidungsorgane der Frau (oben) und des Mannes.

Verdauung

Die Brennnessel stimuliert, als Gemüse verarbeitet, Magen, Darm, Bauchspeicheldrüse und den Gallenfluss. Sie wirkt stuhlfördernd, wärmend und krampflösend auf den Bauch. Bei entzündlichen Darmerkrankungen, Blähungen und Hämorrhoiden »putzt« sie einerseits mit ihrem hohen Faseranteil Magen und Darm, andererseits wirkt sie entzündungshemmend. Bei den entzündlichen Darmerkrankungen Morbus Cron und Collitus ulcerosa wurde von Ärzten eine ganzheitliche Therapie entwickelt und erfolgreich angewendet. Außer der Anwendung von pflanzlichen Heilmitteln, die schleimhaut-

Heilanwendungen bei Verdauungsbeschwerden

- Brennnesselsalat
- Gemüse
- Brennnesseltee
- frische Blätter

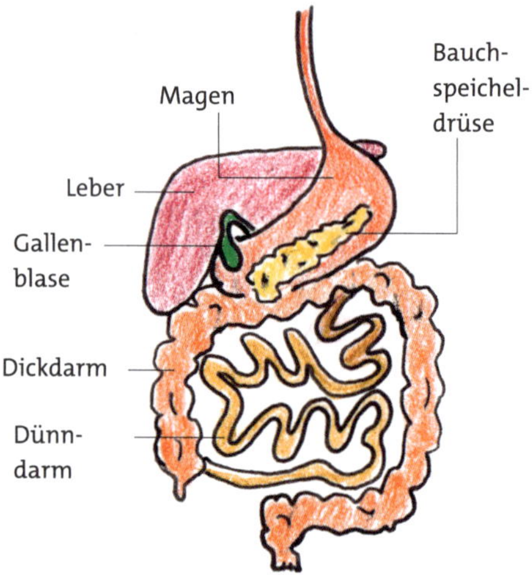

schützend, entzündungshemmend und stopfend wirken, wird auch eine Vermeidung schädlicher Lebensumstände und das Erlernen von Entspannungstechniken empfohlen.[26] Die Brennnessel ist Teil dieser Therapie: Zur Stuhlregulierung und zum Schutz der Schleimhaut werden 1 bis 2 Esslöffel Floh- oder Leinsamen mit viel Wasser eingenommen. Tee aus gerbstoffreichen Pflanzen der Rosengewächse wie Brombeerblätter, Rosenblüten, Odermennig, Schlehen oder Blutwurz verfestigen den Stuhlgang. Brennnesseltee oder Nachtkerzenöl wirken entzündungshemmend, und Melisse, Süßholz und Zimt entkrampfend und beruhigend.

Bei Hämorrhoiden werden Sitzbäder mit einem körperwarmen Brennnesselauszug empfohlen. Auch eine Salbe mit Brennnessel kann wirksam sein.

Haut und Haare

Heilanwendungen für Haut und Haare

- Wurzeltinktur
- Essigwurzelauszug
- Tee aus dem Kraut
- Samen
- frisches Kraut

Mit einer Brennnesselwurzeltinktur oder einem Ansatz in Essig wird die Durchblutung der Kopfhaut angeregt. Ein Essigansatz pflegt auch bei zu fettigen Haaren. Ein Shampoo mit Brennnesselextrakt wirkt, regelmäßig angewendet, förderlich auf Kopfhaut und Haarwuchs und befreit von Schuppen. Brennnesselwurzeln, die mindestens zehn Minuten ausgekocht werden, eignen sich als haarwuchsförderndes Haarwasser.[27] Gemörserte Brennnesselsamen, in Müsli, Salat oder Suppe gestreut, sorgen für kräftiges, glänzendes Haar.

Mützen aus Brennnesselfasern eignen sich gut, um Haare vor trockener Luft zu schützen. Ich trage meine Mützen beispielsweise im Winter im Haus, damit die Heizungsluft sie nicht austrocknet. Manchmal feuchte ich sie sogar an, um meinen Kopf zu kühlen. Auch ein heißer Sommer lässt sich so erträglicher machen, und bei zu großer Hitze in der Sauna behalte ich so einen kühlen Kopf.

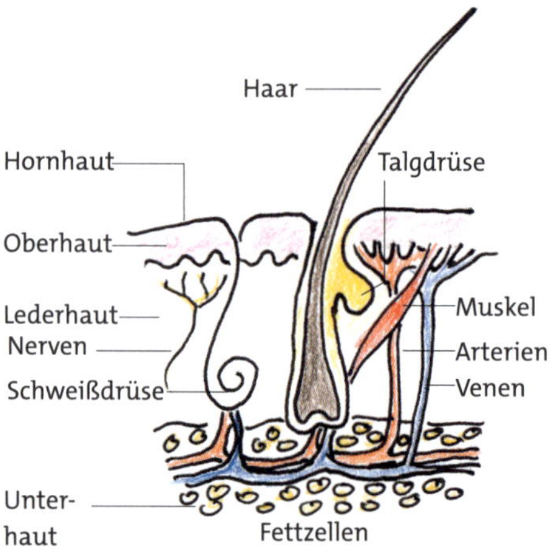

Hautkrankheiten wie Neurodermitis, Nesselsucht, Schuppenflechte, Geschwüre, Juckreiz und auch Cellulite können mit Brennnesselkuren gelindert werden. Entgiftende Frühjahrskuren mit Frischpresssaft, Gemüse und Tee sind hier zu empfehlen. Als Wundauflage nimmt man frische, zerstampfte Brennnesselblätter. Dazu den Pflanzenbrei auf ein Tuch geben, auf die Wunde legen und befestigen. Wenn der Brei getrocknet ist, abnehmen oder wechseln.

Blut und Blutkreislauf

Die Brennnessel wirkt blutreinigend und regt die Bildung von Blutplättchen an, die für die Blutgerinnung verantwortlich sind. Bei Diabetes wirkt das pflanzliche Hormon Glukokinin, dem eine insulinähnliche Wirkung zugesprochen wird; es senkt den Blutzuckerspiegel. Ein zu hoher Blutdruck wird durch die entwässernde Wirkung der Pflanze sinken. Außerdem kann sie Nasenbluten, Bluthusten oder Gebärmutterblutungen stillen. Gegen Eisenmangel durch Blutverlust oder einseitige Ernährung und damit verbundene Müdigkeit hilft die Brennnessel mit ihrem hohen Eisen- und Chlorophyllgehalt. Maria Treben schreibt auch von erfolgreicher Anwendung der Brennnessel bei Leukämie.[28]

Hildegard von Bingen empfiehlt eine Brennnessel-Hanf-Kompresse bei Krampfadern, Venenschwäche und Venenentzündung. Am ersten Tag wird dazu ein Hanftuch mit frischem Brennnesselsaft in der Verdünnung 1 zu 5 auf die entzündeten Venen aufgelegt. Eine Stunde sollte das Bein ruhig gestellt hochgelagert werden. Am zweiten Tag wird der Wickel mit der Verdünnung 1 zu 3 wie am Vortag angelegt. Am dritten Tag mit der Verdünnung 1 zu 1. Nach Bedarf sollte man diese Behandlung nach einer Woche wiederholen. Zwischen den Behandlungen sollte das Bein ein- bis zweimal täglich mit Mariendistelsaft befeuchtet werden.[29]

Frische Brennnesselblätter sind durchblutungsfördernd. Man kann sie direkt in einer Urtifikation anwenden. Bei kalten Füßen wärmt ein Fußbad mit Brennnesselkraut nachhaltig. Bei Gefäßverengung und Raucherbein wird ein Fußbad mit der ganzen Pflanze, also Wurzel und Kraut, empfohlen.[30]

Heilanwendungen für Blut und Blutkreislauf
- Blättertee
- Gemüse
- Frischpresssaft

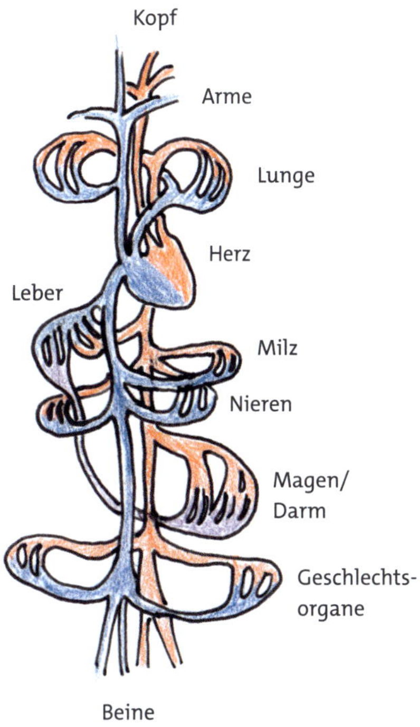

Immunsystem

Heilanwendungen für das Immunsystem

- Brennnesselsamen
- Brennnesseltee
- Brennnesseltinktur

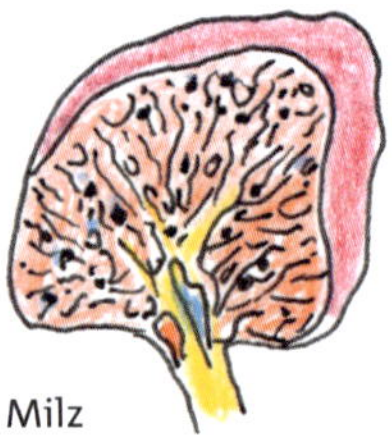
Milz

Die Brennnessel wirkt stärkend auf die Milz, ein wichtiges, oft vernachlässigtes Organ. Bei Kindern wird in der Milz ein Teil des Blutes gebildet. Bei Erwachsenen werden dort rote und weiße Blutkörperchen vermehrt und alte »aussortiert«. Mit Brennnesseln kann man seine Abwehrkräfte gegen bakterielle oder virale Infektionen verbessern. Über die Milz wird die Bildung von Antikörpern angeregt und unsere Immunabwehr gestärkt. Bei Allergien soll sie besonders wirksam sein. Unser Körper hat dabei verlernt, zu unterscheiden, was gut und was schlecht für ihn ist. Die Brennnessel stärkt unsere Selbstwahrnehmung, wirkt antiallergisch zum Beispiel bei Heuschnupfen, allergischem Asthma und chronischer Bronchitis. Die Firma Ceres bietet dafür ein homöopathisches Arzneimittel an: Urtica Sambucus comp. Täglich frische Brennnesseln zu verzehren, kann ebenfalls eine Besserung hervorrufen. Man steigert die Dosis von einem Blatt die ersten Tage bis zu fünf Blättern über einen Zeitraum von vier Wochen.

Für ältere Menschen wird die Brennnessel zur allgemeinen Stärkung empfohlen und sogar als Ersatz für Ginseng gepriesen.[31] Nach Erschöpfungszuständen oder Krankheit gibt die Pflanze Lebenskraft und Freude an der Körperlichkeit zurück.

Zirbeldrüse

Heilanwendungen für die Zirbeldrüse

- Brennnesselsalat, -gemüse, -tee
- Brennnesselblätter zum Auflegen am Stirnpunkt

Mit der Brennnessel kann man auch die Aktivität der Zirbeldrüse beeinflussen. Dieses kiefernzapfenförmige Organ liegt in der Mitte des Schädels nahe der Hypophyse und steuert zusammen mit dem Hypothalamus grundlegende Funktionen unseres Körpers. Sie wandelt beispielsweise Serotonin in Melatonin um. Unser Schlaf-Wach-Rhythmus und unser Immunsystem werden damit maßgeblich beeinflusst. Insbesondere bei Autoimmunkrankheiten und Allergien ist das von Bedeutung. Die Brennnessel mit ihrem hohen Chlorophyllanteil und ihren vielen Inhaltsstoffen ist dabei sicher förderlich.

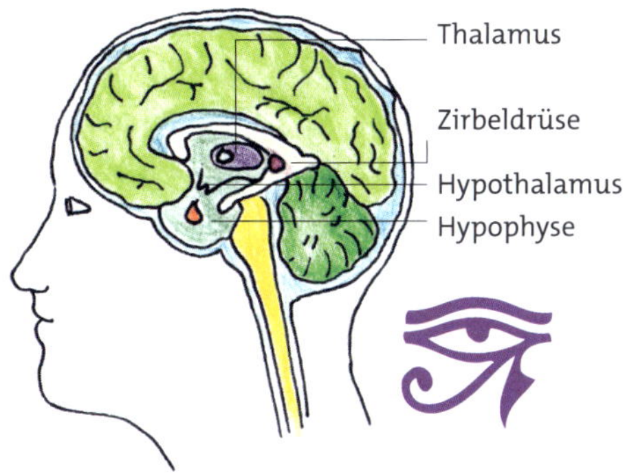

Das Symbol des ägyptischen Sonnengottes »Ra«, sein Auge, hat große Ähnlichkeit mit dem Aufbau des Gehirns mit der Zirbeldrüse.

Die Zirbeldrüse korrespondiert mit der besonderen Stelle auf der Stirn, die beispielsweise die Inder als »drittes Auge« bezeichnen. Ich verwende die Blätter der Brennnessel direkt, um die Zirbeldrüse zu aktivieren, indem ich den Punkt mit einem Brennnesselblatt berühre. Die Brennhaare lösen ein leichtes, anhaltendes Kribbeln aus.

Die Zirbeldrüse ist beim Menschen im Laufe der Evolution von einer Größe von mehreren Zentimetern auf Millimetergröße geschrumpft. Man vermutet, dass dies vor allem dadurch verursacht wurde, dass der Mensch nicht mehr im biologischen Rhythmus und nach seiner inneren Uhr lebt. Unsere technisierte Welt und Umweltgifte verschärfen diesen Prozess.

Atemwege

Heilanwendungen für die Atemwege

- Brennnesselsirup
- Tee aus dem Kraut
- Inhalation

Die Brennnessel wirkt schleimlösend, stärkend, entzündungshemmend und wärmend. Bei Asthma, Kurzatmigkeit, Keuchhusten und Bronchitis kann ein Brennnesselsirup helfen. Dafür nimmt man pulverisierte, getrocknete Brennnesselblätter, fügt die dreifache Menge eines guten Honigs hinzu und verrührt es gleichmäßig. Diese Mischung füllt man in ein dunkles Glas und nimmt täglich einen Esslöffel davon ein. Der Sirup öffnet die Lunge und löst den Schleim. Brennnesseltee hilft bei Entzündungen in Hals und Rachen. Dazu wird der Tee in kleinen Schlucken getrunken oder als Gurgelmittel verwendet.

Bei allergischen Beschwerden der Atemwege werden Inhalationen empfohlen. Für eine Inhalation gibt man eine Handvoll Brennnesseln in einen großen Topf mit Deckel, kocht den Sud auf und lässt ihn abgedeckt etwas ziehen. Dann beugt man seinen Kopf mit einem Handtuch bedeckt über den Topf, aber nur so nah, dass man sich am heißen Dampf nicht verbrüht. Zwei bis zehn Minuten sollte man die Dämpfe tief ein- und ausatmen.

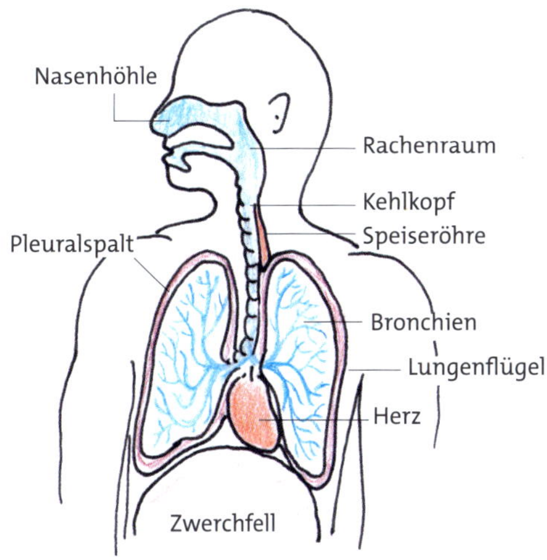

Psyche und Nerven

Heilanwendungen für Psyche und Nerven

- Frischpresssaft
- Gemüse
- Brennnesselwasser
- Brennnesselurtinktur
- Brennnesselblütenessenzen
- Urtifikation
- Brennnesseltextilien

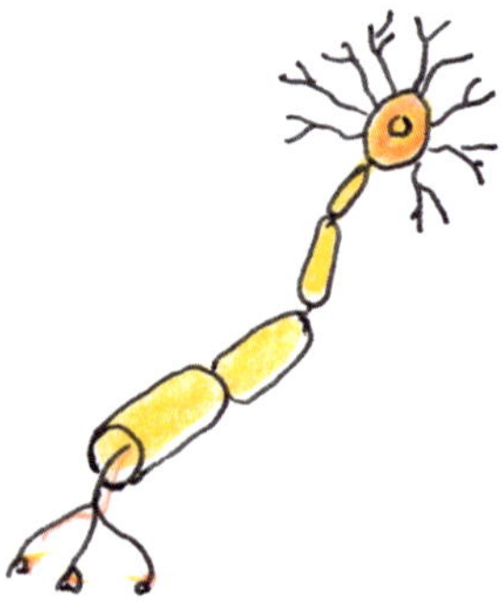

Nervenzelle

Brennnessel lindert nervöse Zustände und stärkt bei einer Erschöpfung, die mit Stoffwechselschwäche oder Kopfschmerzen auftreten kann.

Auf die Psyche wirkt die Brennnessel stimmungsaufhellend, bewusstseinsstärkend, mutmachend und willenstärkend. Erstarrte Strukturen können leichter aufgelöst und Verantwortung für das eigene Leben besser übernommen werden. Menschen, die wenig Freude an der Körperlichkeit haben, zum Beispiel in fortgeschrittenem Alter oder weil sie sehr im Geistigen verweilen und den Körper kaum wahrnehmen, können mit Brennnesselanwendungen wieder zu mehr Körpergefühl kommen. Brennnesselurtinkturen werden empfohlen, wenn es an Willens- und Durchsetzungskraft mangelt.[32] Blütenessenzen der Brennnessel werden empfohlen, um sich besser abgrenzen zu können und Eigenverantwortung zu übernehmen.

Der Inhaltsstoff Acetylcholin wirkt gegen Alzheimererkrankungen; deshalb liegt auch eine positive Auswirkung der Brennnessel hier nahe.

Die Märchen der sechs Schwäne oder der wilden Schwäne könnten in die Richtung gedeutet werden, dass Menschen, denen ihr Leben zunehmend entgleitet, ins Leben zurückgeholt werden. Die Herstellung von Nesselhemden ist schwierig und symbolisiert deshalb vielleicht, dass schwierige Fälle nur mit sehr viel Geduld und Liebe geheilt werden können. Eventuell haben auch Brennnesseltextilien positive Auswirkungen. Rudolf Steiner empfahl Kleidung aus diesem Material insbesondere für Kinder, um sie vor schädlichen Einflüssen zu schützen.

Traditionelle Chinesische Medizin

Die Traditionelle Chinesische Medizin (TCM) setzt Brennnessel vor allem bei »Leber-Qi-Stagnation« und »Lungenfeuchte« ein. Qi wird im chinesischen als »Melodie des Kosmos« beschrieben und steckt in allem, was existiert. Auch bei Yin-Mangel in bestimmten Organen wird Brennnessel verwendet. Yin und Yang, die beiden sich bedingenden Prinzipien, die in Harmonie eins ergeben, sollten ausgeglichen sein. Yin verkörpert die nach innen gerichtete Energie und gilt als weiblich. Yin steht für Nacht, Dunkelheit und Stille. Yang ist das impulsgebende Prinzip und wird als männlich verstanden. Es steht für Sonne, Tag, Licht und Bewegung.

Die beiden Pole Yin und Yang ergänzen sich zu einem Ganzen. Sind sie ausgewogen, führt das zu einem harmonischen Ganzen.

WOLFGANG SCHRÖDER nennt die Brennnessel in seinem Buch »Die Meisterkräutertherapie« die Meisterin der Essenzen. Die Brennnessel ist energetisch dem Wasser zugeordnet, fähig, flüssige Essenzen des Körpers aufzubauen und zu schützen. Sie hilft insbesondere bei Erschöpfung und unterstützt uns dabei, nach innen zu schauen, die Yin-Energie zu stärken, Ursachen zu erkennen und neue Energie aufzubauen.

Die TCM sagt, dass die Brennnessel Feuchtigkeit aus dem »Unteren Erwärmer« vertreibt. Damit sind vor allem Niere, Blase, Leber und Darm gemeint. Sie sind zuständig für Transformationsprozesse im Körper. Hier werden Flüssigkeiten und schädliche Stoffe transportiert und ausgeschieden.

Zusammengefasst wird die Brennnessel bei diesen Mängeln angewendet:

- Nieren-Yin-Mangel
- Qi- und Blut-Mangel
- Essenzmangel
- Herz-Yin-Mangel
- Lungen-Yin-Mangel
- Leber-Yin-Mangel

DER KULTURELLE BLICK

DIE WILDE PFLANZE

Bevor die Menschen sesshaft wurden, ernährten sie sich in erster Linie von wilden Früchten und Pflanzen. Das Wissen über deren Verträglichkeit, ihre Standorte und ihre Heilkraft wurde von einer Generation an die andere weitergegeben. Es bildeten sich Rituale und Bräuche um die Pflanzen, die sich jeweils mit Gottheiten verbanden, die man verehrte und anbetete. Jedes Volk und jeder Stamm hatte seine eigenen Naturgottheiten. Je ähnlicher die Lebensumstände waren, desto ähnlicher waren sie sich. Wanderbewegungen und Begegnungen führten zu kulturellem Austausch und zu Angleichung. Als die Menschen mit dem Ackerbau begannen, versuchten sie, nach und nach die Pflanzen und Tiere ihrer Umgebung zu domestizieren. Sie rodeten Flächen und säten gesammeltes Saatgut aus. Über viele Generationen wurden die Erfahrungen weitergegeben und ergänzt, und so wuchs das Wissen über den Anbau von Pflanzen und die Pflege der Böden stetig an.

Brennnesseln wachsen beinahe überall und sind nicht ausrottbar – zum Glück!

Nach und nach wuchs der Anteil der kultivierten Nahrungsmittel, und der Anteil der Wildpflanzen in der Ernährung sank. Die Menschen fühlten sich immer mehr als Krone der Schöpfung und wollten sich die Erde untertan machen. Tiere und Pflanzen wurden nach ihrem Nutzen und ihrer Schädlichkeit für den Menschen beurteilt. Viele Wildpflanzen wurden nur noch gering geschätzt, manche sogar verteufelt oder verboten. Das Wissen über ihre Wirkungen wurde nur noch von wenigen Männern und Frauen bewahrt, die sich zunehmend von der Gemeinschaft entfernten. Früher hoch geschätzt wurden die heilkundigen Kräuterfrauen nun Hagesusen genannt (ahd. *hagzissa*, *hagazussa* von *hag* = »Zaun, Einfriedung« und *zussa*, eine vermutlich aus dem Indogermanischen stammende weibliche Form von *dhus* = »Dämon«). Daraus entwickelte sich der Begriff Hexe, der deutlich negativ und diffamierend war. Als sich im 15. und 16. Jahrhundert die Europäer auf den Weg machten, die Neue Welt zu entdecken und zu erobern, waren stets Missionare in ihrem Gefolge. Sie brachten den einheimischen Völkern, denen sie begegneten, die »Erlösung« in Form des christlichen Monotheismus und unterdrückten gewaltsam ihre traditionellen Bräuche und ihre Naturreligionen. Jahrtausendealtes Wissen über Pflanzen ging so nahezu verloren.

In der Alten Welt zogen jetzt Quacksalber durchs Land, die mit Aderlässen und anderen Therapien den Menschen oft eher schadeten als halfen. Die magische Welt der Pflanzen wurde von der Kirche vereinnahmt und von nun an kontrolliert. In den Klöstern legten Mönche und Klosterfrauen Gärten an, in denen sie ausgewählte Heilpflanzen kultivierten. Dabei wurde peinlich darauf geachtet, dass bewusstseinserweiternde oder gar (sexuell) anregende Pflanzen nicht oder nur sehr bedingt verwendet wurden. Wildpflanzen, die auf Wiesen und in Wäldern von jeder und jedem gesammelt werden konnten, wurden – und werden noch heute – als minderwertig dargestellt.

Wildnis statt Supermarkt.

Die Kenntnisse über den Wert und die Nutzung der Pflanzen in unserer Umgebung ging fast völlig verloren. Zu groß ist das Angebot auf dem Wochenmarkt und in den Supermärkten, wo man zu jeder Jahreszeit jede beliebige Frucht, jedes Gemüse kaufen kann. Zudem hält die von den Medien verbreitete Angst vor Fuchsbandwurm oder Zecken die Menschen davon ab hinauszugehen, die Wege zu verlassen und sich »in die Wildnis« zu begeben, obwohl der Nutzen, sich in der Natur aufzuhalten, einheimische Kräuter zu sammeln und zu verwerten, bei Weitem die Risiken übersteigt.

Die Brennnessel ist bei uns in der Natur überall präsent. Ihr Nutzen ist so immens und vielfältig, dass Kräuterkundige sie immer besonders verehrten. Man hat versucht, sie zu züchten, ihre Brennhaare zu entfernen oder ihren Faseranteil zu erhöhen. Die Brennnessel jedoch blieb störrisch. Wenn sie nicht ständig gehegt und gepflegt wird, kehrt sie binnen Kurzem wieder zu ihrer Wildform zurück.[33] Sie ist und bleibt eine Pflanze mit anarchischem und wildem Wesen!

Brennnesselkriege

Ihre Wildheit und Unzähmbarkeit spiegelt sich auch in Sprüchen, Märchen und Legenden wider, in denen die Brennnessel vorkommt. Sie schwanken zwischen Verachtung und Verehrung. In der Bibel gibt es mehrere Stellen, in denen die Nessel zusammen mit Disteln und Dornenpflanzen als Plage erwähnt wird. Sie stehen als Sinnbild für die Verwilderung der Kulturlandschaft und damit des Menschen – für Sodom und Gomorrha. Es heißt, nur der Teufel könne der Brennnessel etwas abgewinnen, ja, er setze sich sogar in die Nesseln. Ihm mache die »Hitze« nichts aus, und so sagt er auch: »Die Nessel ist ein sauber Kraut, es wischt sich niemand den Arsch daran.«[34]

Gegen die Brennnessel wird mitunter auch in der jüngsten Vergangenheit hart vorgegangen. In Frankreich beispielsweise führte das zum sogenannten »Brennnesselkrieg«. Biobauern und Gärtner wollten ein Zeichen setzen, um den Einsatz von umweltbelastenden »Pflanzenschutzmitteln« einzugrenzen. Sie stellten große Mengen Brennnesseljauche her und verteilten sie gratis auf Märkten. Das rief die Produzenten von Pestiziden und künstlichen Düngemitteln auf den Plan. Sie befürchteten wohl Umsatzeinbußen und wandten sich an die Justiz, um die Aktionen zu unterbinden. Die Richter gaben ihnen Recht. Im Jahr 2006 wurde in Frankreich eine Verordnung erlassen, welche die Herstellung und Nutzung von Brennnesseljauche verbot. In der Begründung heißt es, die Wirkung sei nicht genügend erforscht. Dass diese natürliche Methode aber seit Jahrtausenden erfolgreich und ohne Schaden verwendet wurde, überzeugte weder Juristen noch Verwaltung. Die Lobbyarbeit der Konzerne war offensichtlich erfolgreich. Die Veröffentlichung von Büchern und anderen Texten über die Verwendung von Brennnesseljauche wurde unter Androhung von Strafen bis zu zwei Jahren Haft oder empfindlichen Geldbußen verboten.[35] Erst nach jahrelangem Widerstand und unter dem Druck der Medien musste das Verbot zurückgenommen werden. 2011 trat eine neue Verordnung in Kraft, die »Verordnung zur Genehmigung des

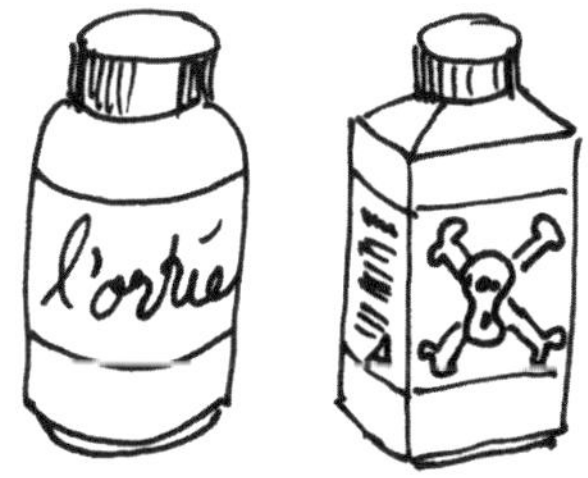

Brennnesseljauche war in Frankreich von 2006 bis 2011 verboten. Werbung und Empfehlungen für Brennnesseljauche sollten mit Geldbußen von bis zu 75 000 Euro und zwei Jahren Gefängnis bestraft werden. Dieses Buch wäre verboten gewesen.

»Sanctuarium« von Herman de Vries in Stuttgart, unten nach »gründlichem Rückschnitt« des Gartenbauamtes der Landeshauptstadt im Frühjahr 2018.

Inverkehrbringens von hausgemachter Brennnessel-Jauche zur Verwendung im Pflanzenschutz«.[36]

Der Kampf gegen das »Unkraut«, der ja eigentlich ein Kampf gegen die Natur ist, geht mit härtesten technischen, chemischen und juristischen Mitteln weiter. Davon zeugen auch die rigorosen Bestimmungen in den Statuten von Kleingartenanlagen. Die Ausdrucksweise, Brennnesseln zu »eliminieren«, zeugt von einer wenig friedfertigen Sicht des kleinbürgerlichen Gärtnerns. Auch die Vorgärten in unseren Vorstädten werden immer noch lieber zugepflastert, als ein paar einheimische Pflanzen dort wachsen zu lassen.

Dass ein ungezügelter Wildwuchs noch immer nicht toleriert wird, wurde im Jahr 2018 in Stuttgart deutlich, als das »Sanctuarium«, ein Kunstwerk des Konzeptkünstlers Herman de Vries[37], vom Gartenbauamt zerstört wurde. Für die Internationale Gartenbauausstellung 1993 hatte de Vries eine kreisrunde Fläche inmitten mehrspuriger Hauptverkehrsadern der Stadt mit einem Metallzaun aus stilisierten Lanzen mit vergoldeten Spitzen eingefasst, um dort Pflanzen ungestört wachsen zu lassen. Inmitten der »giftigen Abgas-Atmosphäre«, sollte es stehen, so der Künstler. Nach fünfundzwanzig Jahren üppigen Wachstums von Bäumen, Sträuchern und Krautpflanzen wurde der kleine »Urwald« vom Garten- und Friedhofsamt der Landeshauptstadt bis auf den Boden zurückgeschnitten. Das Kunstwerk war nach Aussage des Künstlers damit zerstört. Der Amtsleiter jedoch verstand die Aufregung nicht. Sein Kommentar: »Diesmal sind die Rückschnitte gärtnerisch sehr gründlich ausgeführt worden.«[38] Dabei war ein Rückschnitt mit dem Künstler nie abgesprochen worden.

Ich fragte auch beim Bauamt meines Wohnortes nach, warum die Grünflächen der Gemeinde immer so radikal gestutzt würden. Die Antwort lautete, dass sich einige Bürgerinnen und Bürger beschwerten, wenn das Stadtbild durch unkontrolliert wachsende Wildpflanzen »ungepflegt« aussehe. Es gebe außerdem immer effizientere Maschinen. Und so entstehen weiterhin viele kahle und öde Flächen .

DAS PFLANZENWESEN – BRAUCHTUM, KUNST UND LITERATUR

Immer mehr Menschen erkennen die Wesenhaftigkeit der Pflanzen. Auch Philosophen und Wissenschaftler kommen zu der Einsicht, dass Pflanzen beseelt sind und eine gewisse Intelligenz besitzen. Neuere Forschungen belegen dies immer eindeutiger. Der Neurobiologe und Professor an der Universität Florenz STEFANO MANCUSO schreibt in seinem Buch *Die Intelligenz der Pflanzen*, dass wir wahrscheinlich eine außerirdische Intelligenz niemals erkennen würden, wo wir doch nicht einmal die Intelligenz der uns umgebenen Pflanzen erkennen.[39]
Nur weil Pflanzen kein Gehirn haben, dachte man, sie könnten nicht denken; sie könnten nicht sehen, weil sie keine Augen haben. Es ist aber mittlerweile vielfach bewiesen, dass Pflanzen Entscheidungen treffen und abwägen können, ein Lern- und Erinnerungsvermögen haben. Es wurde festgestellt, dass sie über fünfzehn Sinne verfügen, mit denen sie zum Beispiel Schwerkraft, Feuchtigkeit oder elektromagnetische Felder erkennen. Sie haben mitunter ein geniales Problemlösungsverhalten und eine Schwarmintelligenz, von der wir lernen könnten.[40] Pflanzen sind jedoch anders aufgebaut, vergleichbar einem modularen Netzwerk. Dabei sind die Wurzeln die Steuerzentralen und die Wurzelspitzen besonders empfindungsstark.[41]
Pflanzen haben sogar unterschiedliche Charaktereigenschaften. Es gibt gutmütige und auch verschlagene Pflanzen. Pflanzen können sich wie wir Menschen geschlechtlich fortpflanzen, und es gibt bei ihnen Ruhephasen, die mit dem Schlaf vergleichbar sind.[42] Träumen sie womöglich auch?

Brennnesselwurzeln, das »Gehirn« der Pfanze.

Die seit Jahrtausenden geprägte Vorstellung, dass wir Menschen als letzter und höchster Schöpfungsakt Gottes nach seinem Vorbild geschaffen wurden, Tiere und Pflanzen uns untergeordnet seien und weder fühlen noch denken könnten, ist längst widerlegt. Wir brauchen die Pflanzen ganz offensichtlich, doch auch die Pflanzen brauchen uns, so die Auffassung des Anthroposophen RUDOLF STEINER. Insbesondere auf geistiger Ebene finden Inspiration und Entwicklung zwischen allen Wesenheiten statt. Greift man die Dreigliederung des lebenden Organismus auf, die im Mittelalter schon angewendet wurde,

Pflanzen und Mensch – umgekehrt aufgestellt.

müssen wir uns die Pflanzen, verglichen mit dem Menschen, umgekehrt vorstellen. So sind, laut anthroposophischer Lehre, die Wurzeln eher unserem Kopf mit Nerven und Sinnen ähnlich, die Blätter dem oberen Brustbereich mit Herz und Lunge, die Blüten und Früchte Magen, Darm und Geschlechtsorganen. Und eben an ihrem jeweiligen Pendant setzen auch die Wirkstoffe der Pflanze an.

Pflanzensymbolik

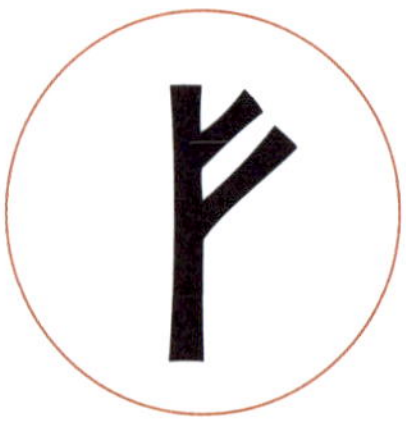

Rune Fehu; Runen gelten als magische Symbole mit besonderer Kraft. Ein Kreis verhindert unkontrollierte Wirkung.

Runen sind Schriftzeichen und magische Symbole der Germanen. Sie wurden etwa ab 200 u. Z. bis zum Mittelalter benutzt. Die dem Wort zugrunde liegende Bedeutung ist »Geheimnis«. Jeder Rune sind ein bestimmtes Element, Pflanzen, Steine und Eigenschaften zugeordnet, die Brennnessel der ersten Rune »Fehu«. Sie steht für das (Ur-)Feuer, für Neubeginn und (geistigen) Reichtum und soll helfen, Krisen und Krankheiten zu überwinden, für Fülle und Kreativität zu sorgen, die geteilt werden sollen. Auch gibt sie Kraft und Mut, anderen Menschen zu helfen.

Die Brennnessel war bei den Germanen eine wichtige Zutat für das Bier. Für rituelle Zwecke wurden besondere Biere gebraut. Das Runenzeichen »Alu« wird an verschiedenen Stellen mit »Bier« oder englisch »ale« übersetzt. Diese Runenkombination ist auf Amuletten und Grabsteinen gefunden worden.

Runen für »Alu«, Bier.

In der bildenden Kunst finden sich immer wieder Darstellungen der Brennnessel. In einigen Ausgaben des »Trostspiegels in Glück und Unglück« des italienischen Dichters, Philosophen, Diplomaten und Medizinkritikers Francesco Petrarca (1304–1374) gibt es einen Holzschnitt des sogenannten Petrarcameisters, auf dem die Brennnessel deutlich zu sehen ist. Manche identifizieren diesen Meister als Hans Weiditz, einen Schüler Hans Burgkmairs d. Ä., der auch das berühmte Kräuterbuch von Otto Brunfels illustriert hat. Der Holzschnitt wird auch »the harrassed spinster – die gequälte Jungfrau« genannt.

The Harassed Spinster. Holzschnitt von Hans Weiditz, 1532.

Zu sehen ist eine alte gebeugte Frau mit wirren langen Haaren. Sie hält eine Spindel in der rechten Hand, in der linken einen Spinnrocken, auf dem schon etliche gefüllte Spulen stecken. Links von ihr ist wilde Natur mit Brennnesseln, Disteln und einem dornigen Baum, auf der anderen kultivierte Pflanzen und ein Zaun. Über ihr erscheint das Himmelsfirmament, und rechts brechen von oben her explosionsartig Strahlen herein, wie ein Urknall.

Wappen Schleswig-Holstein.

Die Brennnessel ziert auch verschiedene Wappen. Das Wappen von Schleswig-Holstein zeigt einen Schild in Form eines Nesselblattes zusammen mit zwei Löwen. Viele Städte und Gemeinden in Schleswig-Holstein tragen dieses Symbol ebenfalls in ihren Wappen.[43] Der Ort Nesselwang im Allgäu hat drei Brennnesseln im Wappen. Bei der neueren Darstellung ist die Brennnessel allerdings kaum noch zu erkennen, die Blattanordnung, insbesondere die Spitze, ist nicht wie bei einer Brenn-

Wappen Nesselwang.

Satirezeitschrift »Brennessel« vor dem zweiten Weltkrieg.

nessel mit kleineren, paarweise angeordneten Blättern gezeichnet, sondern nur mit einem Blatt in gleicher Größe wie die unteren Blätter. Bei einer früheren Gestaltung war die Brennnessel noch naturgetreuer dargestellt.

In Kriegszeiten wurde in manchen Kunstwerken auf die Symbolkraft der Pflanze zurückgegriffen. Curt Querner malte 1933 ein »Selbstbildnis mit Brennnessel«, auf dem er einen Zweig in der zur Faust geballten Hand als Symbol des Widerstandes gegen die Nazidiktatur hält.[44] Friedrich Rückert schrieb nach der März-Revolution im Jahr 1848/49 ein Brennnesselgedicht und nutzte die Pflanze als Sinnbild für ein mutiges, beherztes Vorgehen gegen die bestehenden Herrschaftsverhältnisse.[45]

Die Satirezeitschrift »Brennessel« hingegen (damals noch in der alten Schreibweise mit zwei »n«), war ein nationalsozialistisches Propagandamedium, das von 1931 bis 1938 erschien, es orientierte sich gestalterisch an der zur selben Zeit erschienenen und anerkannten Zeitschrift »Simplicissimus« und wirkte somit unterschwelliger, um damit eine breitere Akzeptanz im gebildeten Bürgertum zu bewirken.[46]

Der Würzburger Künstler Wolfgang Lenz (1925–2014) war ein herausragender Vertreter des Phantastischen Realismus. Er kreierte Kunstwerke, die uns an unserer Wahrnehmung der Realität zweifeln lassen. Dass auch für die Wissenschaft die sinnlich wahrnehmbare Realität eine unsichere Sache ist, dafür stehen Albert Einstein (1879–1955) mit seiner Relativitätstheorie und Stephen Hawking (1942–2018) mit seiner Quantenmechanik, der Paralleluniversen annimmt, die wir mit unseren Sinnen normalerweise nicht wahrnehmen, mitunter nicht einmal nachvollziehen können. Sind die fantastischen Welten der Künstler nicht manchmal näher an der Realität, als wir annehmen? Wolfgang Lenz stellte sich in einem ironischen Selbstbildnis als Büste mit einem Brennnesselkranz dar.

Im Lexikon der Pflanzensymbolik steht die Brennnessel für inneres Feuer, Reinigung, Befreiung und Bereitschaft zum Widerstand. Eigenschaften eines revolutionären Wesens. Auch die Redewendung »sich in die Nesseln setzen« deutet darauf hin, dass jemand sich widerständig und unbequem verhält und sich dabei selbst Schmerzen aussetzt.

Ihre Symbolkraft wird auch in Liebesdingen verwendet. Ein Kranz aus Brennnesseln steht für die Abweisung einer Liebe[47], werden jedoch in einen Blumenstrauß Brennnesseln eingebunden, so gilt dies als ein Zeichen brennender Liebe.

Wolfgang Lenz (1925–2014), Selbstbildnis mit Brennnesselkranz.

Brennnesselkunst heute

Zeitgenössische Kunstprojekte setzen weniger auf die Symbolik der Pflanze, sondern ganz konkret auf die wahrnehmungsstärkende Wirkung und das transformative Potenzial. Der Künstler Friedensreich Hundertwasser beispielsweise bot auf einer Veranstaltung den Besuchern eine Brennnesselspeise an. Er wollte damit demonstrieren, dass es möglich ist, ohne Geld zu leben.[48] Die Galerie Gugging in Klosterneuburg in Österreich versprühte einen aus Brennnesselessenz gewonnenen Duft in den Ausstellungen, um »auf dem Meditationspfad von Bild zu Bild« sich besser mit Mutter Natur zu verbinden.[49]

Robert Rauschenberg malte ein Bild mit dem Titel »Nettle«. Das kleine grüne Kreuz im Zentrum hält das wilde Bild zusammen. Aus dem Bild heraus führt eine Kette, die ein zusammengeknülltes Objekt am Boden mit dem Bild verbindet. Eine Kette zum Unterbewusstsein, verborgen und dunkel?

Anja Schoeller, Urbane Akupunktur, Ingolstadt 2017.

Künstler sehen sich immer häufiger auch als moderne Schamanen und oft auch Pflanzen als wichtigen Teil ihrer Arbeit. Ein Projekt von Anja Schoeller in Ingolstadt im September 2017 nannte sie »Urbane Akupunktur«. Auf praktisch-künstlerische Weise wurde versucht, sich mit der Wildpflanze Brennnessel zu verbinden, um die eigene Aufmerksamkeit und Wehrhaftigkeit zu stärken.[50] Auf einfache Weise wurde durch Bildprojektion eine Verschmelzung von Mensch und Pflanze dargestellt. Feine »Nadelstiche« wurden in der Stadt gesetzt, um Energien für Umdenkprozesse freizumachen. »Unsere Gedanken können in der Vergangenheit, der Zukunft oder in Träumen und Fantasien sein, die Brennnessel schafft es, unsere Achtsamkeit für den Augenblick zu wecken.« Brennnesselsamen wurden auf eine große Stadtkarte gestreut, und die Ingolstädter arbeiteten ihre »Brennpunkte« heraus. Das entstandene Bild hatte eine überraschend ästhetische Ausstrahlung und erinnerte an Höhlenzeichnungen. Ein weiteres Projekt, bei dem die Brennnessel eine Rolle spielt, ist das »Grüne Zimmer« in St. Leonhard (Nürnberg). Eine ungenutze Brachfläche wurde geheilt, belebt und zu einem Ort der Stille mit Wildwuchs für die Anwohner. Zur Einweihung gab es Brennnesselbrot.

Robert Rauschenberg,
Nettle, 1960.

MYTHEN UND MÄRCHEN

Als die Pflanzen auch bei uns noch selbstverständlich als Wesenheiten galten, wurden ihre besonderen Fähigkeiten und Eigenschaften in Mythen, Zaubersprüchen und Erzählungen weitergegeben. Sie wurden auch mit bestimmten Gottheiten in Verbindung gebracht. Bei den Kelten wurde die Brennnessel sowohl dem männlichen Prinzip zugeordnet wie dem weiblichen. Der mächtige, wilde, auch zerstörerische Gott THOR oder DONAR war auch der Gott des Bierbrauens und die Brennnessel ein wichtiger Bestandteil des kultischen Getränks. THOR trank selbst viel Bier, sein starker Harndrang wurde als Fruchtbarkeit bringender Regen gesehen, der bei Blitz und Donner auf die Erde prasselte. Die sanftere, Fruchtbarkeit bringende Göttin FREYA, OSTARA oder HOLLE der Kelten und Germanen brachte alles zum Wachsen und Blühen. Sie war außerdem die Göttin des Spinnens und Webens. Neben ihrer Funktion als nährende Pflanze für Menschen und Tiere war die Brennnessel auch eine wichtige Faserpflanze.

Den Schicksalsfaden spinnen

Die drei Nornen aus der nordischen Mythologie gelten als göttliche Schicksalsspinnerinnen. Sie spinnen den Lebensfaden aus den Gedanken, Wünschen und Taten aller Wesen. Sie hüten die Weltenesche Yggdrasil und sitzen am Urd-Brunnen. URD, die schwarze Norne, steht für das Gewordene, für den Ursprung von allem. WERDANDI, die rote Norne der Gegenwart, ist die gestaltende Kraft. Aufbauend auf dem, was vorher war, handelt sie im Augenblick. Sie steht für die schöpferische Kraft und ermuntert uns, unseren Schicksalsfaden selbst in die Hand zu nehmen. SKULD, die weiße Norne, spinnt das, was werden soll. SKULD leitet sich von Schuld ab; sie vollstreckt, was die Geschöpfe durch vorhergehende Taten und Gedanken hervorrufen, dem Schicksal »schulden«. Der Begriff war nicht wie heute wertend, sondern galt als logische Auswirkung, im Sinne von »sollen«. Den Begriff »Zukunft« gab es in der nordischen Sprache nicht.

Zeit galt nicht als etwas Lineares; das Gewordene, das Seiende und das, was werden soll, wurde aus verschiedenen Dimensionen miteinander versponnen. Dabei sind wir dem Schicksal nicht ausgeliefert, sondern es beeinflusst das Neue, das wir selbst schaffen können.

In den alten Versionen der Märchen von Dornröschen und Rumpelstilzchen kommen die Nornen als Spinnerinnen vor. Skuld verkörpert dort die böse Hexe, denn sie steht auch für den Tod und die Auflösung.[51] Der Ausdruck »Stroh zu Gold spinnen« versinnbildlicht die Bitte an die Nornen um Fülle, Reichtum und gutes Gelingen für Ideen und Projekte.

Die drei Nornen:
Urd, Werdandi, Skuld.

Nine Herbs Charm

Die Brennnessel ist im »Nine Herbs Charm«, dem Neunkräutersegen, enthalten, darüber sind sich die Deuter des Textes ziemlich einig. Diese bedeutende, in altenglischer Sprache verfasste Schrift aus dem 10. Jahrhundert besteht aus drei Teilen: der Kräuterbeschwörung, Kräutersprüchen und Heilpflanzenrezepten. Nicht alle Pflanzen wurden bisher eindeutig identifiziert, insbesondere über die Brennnessel gibt es Uneinigkeit. Die meisten deuten *wergulu* als Wildapfel und *stiðe* als Brennnessel. Andere Übersetzungen deuten aber *wergulu* als Brennnessel, da es als Pflanze für das Hier und Jetzt auch passen würde.

Wolf Dieter Storl bringt den Teilbegriff »Werg« mit dem Begriff der Wergfaser in Verbindung. Zudem ist die Brennnessel für ihn die wichtigste Pflanze gegen Verhexung und Verzauberung und für ein waches Bewusstsein, einfach die stärkste geistbewegende Pflanze.[52]

Blatt im Nine Herbs Charm.

Hier der Text über die Pflanze *stiðe*, die überwiegend als Brennnessel erkannt wird, in englischer und deutscher Übersetzung:

stiðe heo hatte
stiðe she is called
stiðe wird sie genannt

wiðstunað heo attre
stands she against poison
sie steht gegen die Vergiftung

wreceð heo wraðan
she drives out wretchedness
sie vertreibt das Elend

weorpeð ut attor
throws out poison
wirft die Vergiftung aus

þis is seo wyrt seo wiþ wyrm gefeaht
this is the plant that against the worm battled
dies ist die Pflanze, die gegen den Wurm gekämpft hat

þeos mæg wið attre
this mighty against poison
sie ist mächtig gegen Vergiftung

heo mæg wið onflyge
she mighty against infection
sie ist mächtig gegen Infektionen

heo mæg wið þam laþan ðe geond lond fereþ.
she mighty against evil that goes through the land.
sie ist mächtig gegen das Böse, das durch das Land geht.[53]

Zauberkraut Brennnessel

Es gibt im Zusammenhang mit der Brennnessel eine Vielzahl an Ritualen und (Zauber-)Sprüchen. Überwiegend sind es Schutz- und Liebeszauber. Hier nur ein paar ausgewählte magische Anwendungen: Brennnesseln ließ man um Haus und Hof wachsen, sie sollten schlechte Gedanken wie Missgunst und Neid abwehren. Um das Haus vor Blitzschlag zu schützen, wurde sie bei einem herannahenden Gewitter ins Herdfeuer geworfen. Wenn man Brennnessel und Schafgarbe gemeinsam in einer Hand hielt, sollte man immun gegen alle teuflischen Kräfte sein. Oder man hält die Brennnessel in der Hand, um Geister fernzuhalten. Es heißt auch, wer bei Vorträgen oder Prüfungen fünf Brennnesselblätter in die Hand nimmt, entwickelt mehr Mut. In der Nacht der Sommersonnenwende wurden Brennnesseln an Fenster und Türen gehängt, um Vieh und Menschen zu beschützen. Das Peitschen mit Brennnesseln soll gegen »Nixenzauber« und andere »elbische Einflüsse« helfen. Und in der Umgebung der Brennnessel sollen sich vermehrt Erdmännlein, Zwerge und andere heinzelmännchenartige Wesen befinden. Die Kelten erzählten sich von sogenannten Pucken, und in Ungarn spricht man von Puchuvuschen, die sich in den Brennnesseln aufhalten. Sie haben drei goldene Haare, die, wenn man es schafft diese auszureißen, Glück bringen. Die Puchuvuschen machen sich an Frauen heran, die den Brennnesseln zu nahe kommen. Den Frauen werde etwas schummrig, wenn ihnen dies widerfährt.[54]

Die Brennnessel ist mit der Unterwelt verbunden. Svenja Zuther berichtet, was sie durch Pflanzenmeditation mit der Brennnessel erkannt hat: Sie ist gleichzeitig Inkarnation und Auflösung, das Feuer des Lebens, das uns auch in den Tod begleiten soll. Achtsamkeit und Aufmerksamkeit sind der Schlüssel zur Verbindung mit der Unterwelt, eine Energie, mit der man Grenzen zu anderen Welten überschreiten kann.[55] Intuitiv hat dies vielleicht auch meine Mutter gespürt. Sterbenskrank, den Tod beinahe schon ersehnend, aß sie gern, ja geradezu mit Appetit, einen von mir zubereiteten Brennnesselsalat, auch Brennnesselräucherungen waren ihr in ihren letzten Tagen sehr angenehm.

Magische Pflanze – hier umwoben mit Spinngewebe.

Fünf Blätter in der Hand für Mut und gegen Lampenfieber.

Märchen und Legenden

Als sich im frühen Mittelalter der christliche Glaube in Europa ausbreitete, wurden viele alte Glaubensvorstellungen der Kelten und Germanen in Form volkstümlicher Erzählungen und Märchen weitergegeben. Ähnlich war dies auch später in anderen Regionen und vor allem auf anderen Kontinenten, wo der von der Kirche vorgegebene Glaube meist gewaltsam verbreitet und die traditionellen Glaubensvorstellungen verboten wurden. Aber auch dort leben einige Ursymbole und Vorstellungen in Märchen weiter, deren Deutung jedoch mitunter variiert. Der Dorfbrunnen war ein zentraler Ort, an dem sich die Frauen mit ihren Handspindeln trafen und sich austauschen konnten. Später übernahmen die Spinnstuben diese Funktion. Dort saß man an den Spinnrädern zusammen, erzählte sich Neuigkeiten, hielt aber auch alte Geschichten und Überlieferungen wach. Oft kamen zu späterer Stunde auch die Männer dazu, es wurde gesungen, musiziert und vor allem viel erzählt.[56]

DOROTHEA VIEHMANN überlieferte den Gebrüdern GRIMM zahlreiche Volksmärchen. Hier eine Zeichnung, die LUDWIG EMIL GRIMM von ihr erstellt hatte, vielleicht als Dank.

Im 19. Jahrhundert zeichneten die Gebrüder JAKOB (1785–1863) und WILHELM (1786–1859) GRIMM als Erste die Volksmärchen schriftlich auf. In der ersten Auflage betonten die GRIMM-Brüder noch, die gesamten Geschichten getreu aufgeschrieben zu haben. Die Sittenwächter der Zeit erzwangen jedoch bei den Neuauflagen Veränderungen, und manche Geschichten wurden ganz herausgenommen. Biedermeierliche und bürgerliche Vorstellungen von Liebe, gemütsvoller Mutter-Kind-Beziehung, Unterordnung und Gehorsam von Kind und Frau erlaubten kein Bild von Aufsässigkeit, die doch öfter Thema in den Märchen war.

Es gibt einige Märchen, in denen die Brennnessel eine wichtige Rolle spielt. Da die Pflanze besonders schwer zu verarbeiten war, musste, wer dies konnte, besondere Fähigkeiten besitzen. Es galt als nahezu unmöglich zu bewältigende Aufgabe, weshalb die Herstellung von magischen Hemden aus Nessel als Prüfung galt, die verkannten Prinzessinnen oder Jungfrauen auferlegt wurde. Beim »Rockenweibchen« wird deutlich, dass nur gutherzige Menschen eine wirklich feine

Faser herstellen und tragen konnten. Wer sie aus Übermut oder gar aus Gier besitzen wollte, wurde damit nicht glücklich – oder musste sterben. Am Rande erwähnt, dient sie als Nahrung oder hilft, die Wahrheit zu finden.

Die sechs Schwäne

Im Märchen »Die sechs Schwäne« kommt die »Sternenblume« vor, mit der die Brennnessel bezeichnet wird.

Ein König, der sich im Eifer der Jagd verirrt hatte, traf im tiefen Wald auf eine alte Frau, die er um Hilfe bat. Sie war aber eine böse Hexe, die ihm nur unter einer Bedingung aus dem Wald helfen wollte: nämlich dass er ihre Tochter heiratete. Da er fürchtete, sonst niemals zurückzufinden, ging er darauf ein. Er hatte sechs Söhne und eine Tochter, seine Frau war vor einiger Zeit gestorben. Er liebte seine Kinder über alles und befürchtete, dass die neue Frau sie schlecht behandeln könnte. Deshalb ordnete er an, dass niemand der neuen Königin von den Kindern erzählen durfte, und ließ die Kinder zu einem einsam gelegenen Schloss im Wald bringen, wo er sie oft besuchte. Die Frau wurde mit der Zeit misstrauisch und wollte wissen, wo ihr Mann so oft hinging. Deshalb schickte sie heimlich einen bestochenen Diener, ihm zu folgen. So erfuhr sie von den Kindern. Getrieben von Eifersucht, fertigte sie weißseidene Zauberhemdchen an und machte sich auf den Weg zum Schloss im Wald. Die Jungen kamen ihr entgegen, weil sie dachten, es sei der Vater. Schnell warf die böse Königin ihnen die Hemden über und verwandelte sie so in weiße Schwäne. Von der Tochter wusste sie glücklicherweise nichts. Das Mädchen aber hatte alles gesehen und flüchtete in den Wald, um sich in Sicherheit zu bringen und ihre Brüder zu suchen. Eines Tages fand sie bei einem Unwetter in einer leerstehenden Räuberhütte Unterschlupf. In dem Moment kamen auch die Schwäne angeflogen und streiften dort ihre Federn ab. Die Schwester erkannte ihre

Brüder, und sie umarmten sich innig. Die sechs Schwäne konnten jedoch nur für eine Viertelstunde menschliche Gestalt annehmen. Das Mädchen erfuhr, wie sie den Bann brechen konnte. Sie sollte aus der »Sternenblume« in sechs Jahren sechs Hemden für sie anfertigen. In dieser Zeit dürfe sie aber weder sprechen noch lachen, sonst wäre all ihre Arbeit umsonst. Die Brüder wollten sie davon abhalten, da ihnen die Aufgabe zu schwer erschien. Das Mädchen aber fasste den Entschluss, ihre Brüder zu erlösen. Sogleich verließ sie die Hütte und begab sich in den Wald. Dort sammelte sie Brennnesseln und fing an, die Pflanzen zu verspinnen und Hemden daraus zu weben.

Sie war schon einige Zeit im Wald, als ein junger König sie bei seiner Jagd entdeckte. Er fragte sie, wer sie sei, aber sie antwortete ihm nicht. Doch der König war so gebannt von ihrer strahlenden Schönheit, dass er sie unbedingt heiraten wollte, und so ging sie mit ihm. Die Mutter des Königs jedoch war mit der Wahl ihres Sohnes nicht einverstanden und wollte ihn von seinem Vorhaben abhalten. Doch er liebte sie sehr und ließ sich nicht abbringen. Schon nach wenigen Tagen wurde Hochzeit gefeiert. Als die junge Königin ihr erstes Kind zur Welt gebracht hatte, schlich die Schwiegermutter in ihre Kammer, nahm ihr das Kind im Schlaf weg und schmierte Blut um den Mund der Mutter. Am nächsten Morgen bezichtigte sie die unglückliche Mutter, sie habe ihr eigenes Kind gefressen. Der König konnte es nicht glauben, als aber das Gleiche beim zweiten und dritten Kind geschah, wurde seine Frau vor Gericht gestellt. Da sie nicht sprechen durfte, verteidigte sie sich nicht und wurde zum Tode auf dem Scheiterhaufen verurteilt. Doch auch im Kerker arbeitete sie unentwegt weiter an den Nesselhemden. Als der Tag der Hinrichtung kam, waren die sechs Jahre vorüber. Es fehlte aber noch ein Arm an einem der Hemden. Die Verurteilte stand schon auf dem Scheiterhaufen, als die Schwäne heranflogen. Sie hatte die Hemdchen bei sich und warf sie den Schwänen zu. Als die von ihnen berührt wurden, nahmen die sechs Schwäne wieder ihre menschliche Gestalt an. Nur der jüngste behielt noch einen Schwanenflügel, da ein Ärmel fehlte. Die Geschwister waren überglücklich und fielen sich in die Arme. Nun durfte die junge Königin wieder sprechen und berichtete vom Betrug der Schwiegermutter. Der König ließ die drei Kinder, die von den Dienern versteckt gehalten wurden, herbeiholen und die böse Schwiegermutter auf dem Scheiterhaufen verbrennen.

Die wilden Schwäne

Auch im Märchen »Die wilden Schwäne« von Hans Christian Andersen (1805–1875) spielt die Brennnessel eine wichtige Rolle. Andersen schrieb seine Märchen ebenfalls nach Überlieferungen auf, aber veränderte sie meist freier als die Gebrüder Grimm. Die Geschichte ist ganz ähnlich wie die der sechs Schwäne. Hier sind es jedoch elf Prinzen, die von der bösen Schwiegermutter verzaubert werden. Für ihre Brüder muss Prinzessin Elisa daraufhin elf langärmlige Panzerhemden aus Brennnesseln weben, die auf dem Friedhof geerntet werden müssen. Auch sie darf weder sprechen noch lachen und zieht sich für ihre Aufgabe in den Wald zurück. Auch sie begegnet im Wald einem jungen König, und sie heiraten gegen den Willen des Bischofs. Heimlich arbeitet sie auf dem Schloss weiter an den Hemden. Nachts schleicht sie sich hinaus und sucht auf dem Friedhof nach den Brennnesseln, die sie dann mit bloßen Händen und Füßen bearbeitet. Der Bischof zeigt dem König, was seine Frau Nacht für Nacht tut, und bezichtigt sie der Hexerei. Der König kann sich das eigenartige Verhalten seiner Frau nicht erklären, kann aber auch nicht verhindern, dass sie verurteilt wird. Am Tag ihrer Hinrichtung, als sie schon auf dem Scheiterhaufen steht, kommen elf Schwäne angeflogen, und Elisa wirft die Hemden den Schwänen entgegen. Augenblicklich verwandeln diese sich wieder in Prinzen. Auch hier behält der Jüngste einen Schwanenflügel. Die junge Königin bricht vor Erschöpfung zusammen. Die Untertanen des Königs, die dem Ereignis beiwohnen, verneigen sich vor der Königin und lassen sie hochleben. Aus dem Holz des Scheiterhaufens wachsen Rosen.

Übermannt von seinen Gefühlen nimmt der König seine Frau in den Arm, worauf sie glücklich erwacht.

Es gibt zahlreiche weitere Legenden mit verzauberten Schwänen. Aufgrund der irischen Legende »Die Geschichte der Kinder Lirs« stehen Schwäne dort unter besonderen Schutz.

Jungfrau Maleen

Das Märchen von der Jungfrau Maleen wurde auch von den Gebrüdern Grimm aufgeschrieben. Hier dient die Brennnessel in Notzeiten als Nahrung, und mit ihrer Hilfe gelingt es, einen Betrug aufzudecken.

Prinzessin Maleen ist einem Mann versprochen, doch sie liebt einen anderen Prinzen, der ihre Liebe erwidert. Weil sie sich der arrangierten Ehe widersetzt, lässt der König seine Tochter und ihre Zofe für sieben Jahre mit Nahrung und Wasser in einem Turm einmauern. So hofft der Vater, ihren Trotz zu brechen. Die Zeit vergeht, und die Nahrung geht zur Neige. Da gelingt es den beiden Jungfrauen, sich selbst zu befreien, und sie sehen, dass ein Krieg im Land geherrscht hat, der Vater gestorben und alles zerstört ist. Sie suchen nach einem Ort, an dem sie bleiben können, und ernähren sich in ihrer Not unterwegs von Brennnesseln. Lange sind sie unterwegs und erreichen schließlich die Stadt, in der der Prinz lebt, den Maleen liebt. Gemeinsam mit ihrer Zofe gelangt sie an dessen Hof und finden eine Anstellung als Küchenmädchen. Der Prinz hatte lange nach Maleen gesucht. Aber nun soll er eine Braut heiraten, die sein Vater für ihn ausgewählt hat. Die Hochzeit steht kurz bevor. Weil die Braut hässlich ist – in einer älteren Fassung des Märchens heißt es, weil sie von einem anderen schwanger ist –, will sie sich dem Volk nicht zeigen. Sie schickt Maleen an ihrer Stelle, unter einem Schleier verborgen, zum Traualtar und lässt sie auch den Hochzeitszug neben dem Prinzen abschreiten. Da sieht Maleen am Wegesrand Brennnesseln, die ihr schon einmal in der Not geholfen haben, und spricht zu ihnen: »Brennnettelbusch, Brennnettelbusch so klene, wat steist du hier allene? Ik hef de Tyt geweten, da hef ik dy ungesaden ungebraden eten.« (Brennnesselbusch so klein, was stehst du hier allein? Es gab eine Zeit, da habe ich dich ungesotten und ungebraten gegessen.) Am Kirchensteg und am Kirchentor sagt sie: »Karkstegels, brik nich, bün de rechte Brut nich.« (Kirchentreppe brich nicht, ich bin die rechte Braut nicht.) Der Prinz hört sie flüstern und will wissen, was sie gesagt habe. Sie antwortet ihm, sie habe nur an die Jungfrau Maleen gedacht. Natürlich erinnert er sich an seine Jugendliebe, denkt allerdings, sie sei im Krieg gestorben. Nach der Trauung legt der Prinz ihr eine feine Kette um den Hals.

Am Abend wird die hässliche Braut zu ihm geführt. Als er sie noch einmal nach den Worten bei den Brennnesseln fragt, geht die Frau hinunter in die Küche, um die Magd um die Antwort zu bitten. Maleen erzählt ihr die Worte. Nachdem der Prinz die Worte von der Braut vernommen hat, fragt er sie nach der feinen Kette. Die aber hat Maleen behalten. Jetzt erkennt der Prinz, dass es eine andere Frau gewesen sein muss, die er zum Altar geführt hatte. Da wird die hässliche Braut wütend, schimpft die Magd eine Betrügerin und will sie auf der Stelle köpfen lassen. Der Prinz aber will die Magd sehen und erkennt Maleen wieder. Sie erzählt ihm von den sieben Jahren im Turm, dem Krieg und ihrer Wanderschaft. Überglücklich, wieder zueinander gefunden zu haben, schließen sie sich in die Arme.

Das Rockenweibchen

Das »Märchen vom Rockenweibchen« von Alois Wilhelm Schreiber[57] erschien gedruckt im Jahr 1846. Hier geht es um die feine Faser der Brennnessel, deren Herstellung besondere Gaben und das Tragen ein liebendes Herz erfordert.

Am Fuße einer Felsenwand, dem Rockenfels, wohnte eine freundliche und hilfsbereite Frau in einer Höhlenwohnung. Sie war weder jung noch schön, doch jeder freute sich, wenn sie abends in die Spinnstuben der Landleute kam und heitere oder schaurige Märchen erzählte. Das Spinnen ging, während sie erzählte, besonders gut von der Hand, der Faden wurde feiner und gleichmäßiger, die Spule füllte sich schneller.

Vor dem Rockenfels gab es eine Burg, auf der ein finsterer Vogt lebte, der seine Mägde und Knechte hart arbeiten ließ und ihnen keine Freude gönnte. Die Magd Klara war ein besonders liebevolles Mädchen; als Leibeigene des Vogtes durfte sie nur mit seiner Einwilligung heiraten. Sie und der Schlossgärtner waren schon länger ein liebendes Paar, aber der Burgherr wollte den beiden ihr Glück nicht gönnen. Als Klara eines Tages wieder um die Erlaubnis zur Heirat bat, antwortete er höhnisch lachend, wenn sie aus den wuchernden Brennnesseln auf dem Grabe ihrer Eltern einen Faden spinnen und daraus zwei feine Hemden fertigen könne, wolle er wohl zusagen. Er habe nämlich gehört, dass sich aus diesem Unkraut überaus zarte, feine Fäden spinnen ließen. Das eine Hemd sollte dann ihr Brautkleid sein, mit dem anderen sollte man ihn begraben.

In dem Glauben, diese Aufgabe sei unlösbar, ließ der Vogt das weinende Mädchen zurück. Am Grab ihrer Eltern betete Klara und weinte bitterlich. Da stand plötzlich das Rockenweibchen neben ihr und wollte wissen, was geschehen sei. Sie erzählte ihm ihr Unglück, worauf die alte Frau einen Arm voll Brennnesseln ausriss und verschwand. Kurze Zeit später kam der Vogt am Rockenfels vorbei und sah die Frau am Eingang ihrer Höhle einen überaus feinen Faden spinnen. Er machte sich über sie lustig und fragte, ob sie denn da ihr Brautkleid spann. Als sie erwiderte, dass sie für ein Brautkleid und ein Totenhemd spann, wurde er blass. Dann unterstellte er ihr, den Flachs gestohlen zu haben. Doch sie antwortete, die Fasern habe sie vom Grab eines armen Bauern. Da bekam der Vogt Angst und überlegte, ob er in die Heirat seiner Magd doch einwilligen solle. Aber die Tage vergingen, und er verdrängte die Begegnung.

Nach einiger Zeit erschien Klara mit zwei Hemden aus feiner Brennnesselfaser beim Vogt, eines für sich und eines für ihn, und forderte ihn auf, sein Wort einzulösen. Verstört willigte er sofort ein und ließ gleich für den nächsten Tag die Hochzeit ansetzen. Er versprach, sich dem Ehrengeleit selbst anzuschließen. Doch am nächsten Morgen war der Burgvogt tot. Klara, in ihrem Brautkleid aus feiner Brennnessel, und ihr Bräutigam wurden vermählt, und am Abend wurde der Vogt in seinem Totenhemd begraben.

Die faule (oder die listige) Spinnerin?

Die Gebrüder Grimm ließen sich einen Großteil ihrer Geschichten, wie auch diese hier, von der Bäuerin Dorothea Viehmann erzählen. Sie konnte mehr als vierzig Geschichten wortwörtlich immer wieder vortragen. Damals waren überwiegend junge Frauen Geschichtenerzählerinnen.[58] Dorothea Viehmann beschrieb die spinnfaule Frau und ihre Listigkeit wertfrei, aber die Frauen spürten sehr wohl die Ironie in der Geschichte. In ihrer untergeordneten Position waren sie darauf angewiesen, unkonventionelle Wege zu finden, um etwas durchzusetzen. Frauen, die offen gegen Zwänge und Normen aufbegehrten, drohte mitunter der Scheiterhaufen. In den Märchen gaben Frauen weiter, wie sie mit Kreativität Wege finden konnten. Es kam nämlich vor, dass Frauen eingesperrt wurden, um zu spinnen und zu weben. Es gab auch Frauen, die sich selbst unter Druck setzten und verbissen arbeiteten, in der Hoffnung, mit wertvollen Textilien als Aussteuer gesellschaftlich aufzusteigen.

Es war einmal eine Frau, die nicht gerne spann. Ihr Mann beschwerte sich immer wieder, dass sie ihre Spinnarbeit liegen ließ. Sie hielt ihm jedoch entgegen, sie könne nicht weiterspinnen, denn sie habe keine Haspel, um den Faden zu Strängen zu wickeln. Da machte er sich auf und ging in den Wald, um Holz für eine Haspel zu schlagen. Die Frau überlegte kurz, wie sie ihren Mann am Bau einer Haspel hindern könnte. Sie schlich hinter ihm her, versteckte sich und rief mit verstellter Stimme: »Wer Haspelholz haut, der stirbt, wer da haspelt, der verdirbt!« Dreimal setzte er an, aber jedes Mal hörte er wieder die Stimme.

Er bekam Angst und ging unverrichteter Dinge nach Hause. Die Frau war schnell ins Haus zurückgekehrt und empfing ihren Mann. Nach einiger Zeit fing der Mann wieder an, sie zu tadeln. Da schlug sie vor, den Faden auf der Spule gemeinsam zu einem Strang zu binden, indem sie sich die Spule hin- und herwarfen. Sie hatte schon eine neue Idee, wie sie ihren Mann überlisten konnte. Als der Faserstrang ausgekocht werden sollte, stand sie früh auf und setzte den Kessel auf. Dann übertrug sie ihrem Mann, auf den Topf aufzupassen, damit die Fasern des Stranges nicht zu minderwertigem Werg zerfielen. Anstelle des Stranges hatte sie jedoch einen Klumpen Werg in den Kessel gelegt. Als der Mann nach dem Kessel schaute, sah er das Unglück und dachte, er habe die ganze Arbeit zerstört. So kam es, dass die Frau nie wieder von ihrem Mann zum Spinnen angehalten wurde.

Brennnesselfasern werden ausgekocht, damit sie weicher und heller werden. Kocht man die Fasern zu lange oder mit einer zu starken Lauge, können sie zerfallen. Es ist also anzunehmen, dass es sich in diesem Märchen um Brennnesselfasern handelte.[59]

Wie die Nessel die Menschen rettete

Auch bei den Ureinwohnern Nordamerikas gibt es Geschichten mit und über Pflanzen. In der Geschichte »How Nettle Saved the People«, die Roger Fernandes auf einem Frühlingsfest im März 2014[60] erzählte, geht es um ein ängstliches Volk, das mithilfe der Brennnesseln seine Angst überwindet.

Es gab einmal ein Dorf, in dem wohnten lauter ängstliche Leute. Sie schauten sich ständig um, versteckten sich im Wald, liefen geduckt umher. Sie hatten diese Angst, weil sie immer wieder von Kriegern, die mit Booten aus dem Norden kamen, überfallen und ausgeraubt wurden. Die schlugen und töteten, nahmen viele als Sklaven gefangen und brannten alles nieder. Der Dorfälteste sah, dass es so nicht weitergehen konnte, wenn sie

überleben wollten. Am Abend rief er seine Vorfahren an und betete zu den Geistern um Hilfe. In der Nacht hatte er einen Traum. Das Wesen der Brennnessel erschien ihm und sagte: »Wenn ich im Frühjahr wachse, sammelt meine Blätter und kocht daraus einen Tee. Kommt zusammen, trinkt den Tee gemeinsam und sprecht mit einer Stimme: ›Ich bin stark für meine Vorfahren, ich bin stark für mein Volk und ich bin stark, für die, die kommen werden.‹« Die Menschen befolgten den Rat, und trafen sich regelmäßig, um Brennnesseltee zu trinken und die Worte zu sprechen. Sie fühlten sich nun stärker. Die Brennnesselpflanze erschien dem Ältesten noch einmal. Sie sagte nun: »Wählt die stärksten Krieger, die stärksten Männer und die stärksten Frauen aus eurem Volk. Lass sie sich mit meiner ganzen Pflanze, Stängel und Blätter, von oben bis unten abschlagen. Wenn sie dann meine Kraft spüren, sollen sie die Worte sprechen: ›Ich bin stark für meine Vorfahren, ich bin stark für mein Volk, und ich bin stark, für die, die kommen werden.‹« Die Dorfbewohner befolgten auch diesen Rat. Die stärksten Kämpfer und die stärksten Kämpferinnen wurden ausgewählt. Sie schlugen sich mit Brennnesseln auf den ganzen Körper und sprachen die magischen Worte.

Eines Tages kamen wieder die Boote aus dem Norden über das Meer. Doch diesmal rannten die Menschen nicht in den Wald oder in die Berge, um sich zu verstecken. Sie trafen sich im Dorf und gingen gemeinsam zum Strand: Männer, Frauen, Kinder, Alte und Junge. Sie stellten sich Schulter an Schulter nebeneinander auf und schauten über das Meer zu den Booten. Sie begannen ihre Trommeln zu schlagen und mit einer Stimme ihre kraftvollen Kampflieder zu singen. Die Krieger auf den Booten hörten und sahen ein Volk, das zusammenstand und gemeinsam eine Stärke ausstrahlte, und es wurde ihnen bewusst, dass sie diese Menschen nicht besiegen konnten. Also kehrten sie um und segelten davon. Die Dorfbewohner jubelten und feierten ein großes Fest. Und sie trafen sich weiterhin, um Brennnesseltee zu trinken, damit diese gemeinsame Kraft nicht verloren ging und sie die Angst niemals mehr schwächte.

Pflanze als Ekstatiker; sie strahlen nach außen, Seele und Geist sind nicht im Materiellen des Körpers verhaftet.

BEGEGNUNG MIT DEM PFLANZENWESEN

Es gab Zeiten, da war es selbstverständlich, auch Pflanzen als lebende Wesen anzusehen. Auch heute gibt es spirituelle Pflanzenkundige, die Pflanzen in dieser Weise betrachten. Anders als beim Menschen, so die Vorstellung, liegen der Geist und die Seele der Pflanze nicht im Innern, sondern außerhalb, sie sind kosmisch. Der Philosoph Max Scheler bezeichnet Pflanzen deshalb als Ekstatiker. Wir Menschen empfinden Geist und Seele von innen heraus, was sich in körperlichen Schmerzen und auch in wonnevollen Empfindungen äußert. Um mit einer Pflanze in Kontakt zu treten, muss man sich auf die Wellenlänge der Pflanze begeben, also ekstatisch werden. Man muss sein Bewusstsein in einer Trance vom Körper lösen, sodass Zeit und Raum keine Grenzen mehr haben. Dann kann man sich den Pflanzendevas nähern, schreibt Wolf-Dieter Storl.[61] In Indien sind wahre Kräuterkundige gleichzeitig Yogis und ayurvedische Meister.[62] Besonders sensibel ist ein Mensch für eine solche Wahrnehmung, wenn er körperlich oder seelisch geschwächt ist. Er lenkt dann seine Aufmerksamkeit eher auf das Hier und Jetzt, um wieder gesund zu werden. Auch ich habe dies so empfunden, als ich nach längerer Krankheit meinen ersten Spaziergang in der Frühlingssonne genoss. Ein Gefühl von tiefer Verbundenheit mit der Natur führte zu kaum erklärbaren Glücksempfindungen.

Ich möchte zu solchen Begegnungen anregen, denn, wie Wolfgang Schröder schreibt, wird Wissen, das nicht aus eigener Erfahrung resultiert, auch als Vorurteil bezeichnet.[63] Jeder sollte selbst seine individuelle Wahrnehmung erleben, zumal die Begegnungen sehr unterschiedlich sein können. Jeder sollte seine eigene Methode finden, weil jeder seinen eigenen Weg aufspüren muss. Im hektischen Alltag ist es schwierig, zur Ruhe zu kommen und seine Gedanken versiegen zu lassen. Deshalb sollte man sich vorbereiten, um die Schwingung der Natur aufnehmen zu können. Außer den Techniken der Körperbeherrschung ist eine Kontrolle von Geist und Seele Voraussetzung, um ganz bewusst in die Dimension der Pflanzenwelt zu gelangen. Wolfgang Schröder empfiehlt ein offenes Herz,

Pflanzen zeichnet man vom Dunklen zum Hellen. Zuerst die Konturen und Schatten, dann die Farbe. Auf dem Bild auf der linken Seite ist der Glanz durch helle Pastellfarben ergänzt worden.

einen festen Willen, konzentrierte Ruhe und Geduld.[64] Außerdem helfen Gewaltlosigkeit, Enthaltsamkeit, Begierdenlosigkeit, Reinheit, Ruhe und Dankbarkeit. Techniken der Atemkontrolle und spezielle, meditationsfördernde Sitzstellungen sind gut für die Entspannung, dabei sollten die Sinne aktiviert sein. Gehör, Geruchs-, Geschmacks- und Tastsinn werden intensiver, wenn sie immer wieder vielseitig und bewusst eingesetzt werden.[65] Zudem hilft es, wenn man schon Tage bevor man eine Pflanze besuchen möchte, nur leichte, natürliche, am besten vegane Speisen zu sich nimmt. Wer es schafft, sein Bewusstsein zu den Pflanzen zu erweitern, Achtsamkeit, Gewaltlosigkeit gegen andere(s) und sich selbst zu leben, für den wird Naturverbundenheit wieder zu einem normalen Zustand.

Mit Pflanzen reden. Mit wachen Sinnen spürt man die Verbundenheit mit ihnen.

Das Wesen der Brennnessel wahrnehmen

Wenn Sie sich durch Meditations- oder Entspannungstechniken gut vorbereitet haben oder sich spontan in einem geeigneten Zustand fühlen, können Sie sich auf einen »Besuch« des Pflanzenwesens einlassen. Mit offenen Haaren, natürlicher Kleidung, leichten Schuhen oder noch besser barfuß gehen Sie durch Wald und Wiese zur Brennnessel. Wenn Sie Ihre Umgebung gut kennen, wissen Sie sicher einen Ort, wo Sie sich wohl fühlen.

In einer entspannten Haltung – im Sitzen, Stehen oder auch im Liegen – aktivieren wir nun alle Sinne. Mit weichem Blick nehmen wir Form, Farbe, Struktur, Glanz und viele weitere Eindrücke wahr. Insekten, Luftbewegung, aufspringende Blütenpollen, Gerüche, Geräusche von nah und fern – es gibt unendlich viel zu entdecken. Vorsichtig ertasten wir Blätter und Stängel, legen sie auf die Haut, riechen und schmecken Pflanzenteile. Raum und Zeit verschwinden, wenn unsere Sinne so aktiv sind. Kosten Sie dieses Gefühl eine halbe oder mehrere Stunden aus. Wenn Sie sich entschließen zurückzugehen, tun Sie es mit vollständig geöffneten Sinnen, schauen Sie die Umgebung genau an. Sie werden eine Veränderung in der

Wahrnehmung feststellen. Sprechen Sie einen Dank an die Brennnessel für diese Erfahrung, und kehren Sie in den Alltag zurück. Am Abend oder später können Sie sich immer wieder dankend an dieses Erlebnis erinnern.

Eine andere Methode, sich mit den Pflanzen zu verbinden, ist, sie zu verinnerlichen, das Verschmelzen mit der Nahrung. Dies wird im Ayurveda als »Dschala Yoga« bezeichnet. Wenn man die Kräuter isst oder trinkt, findet eine biochemische und elektrisch-magnetische Verschmelzung statt.[66] In einer Übung der Heilmeditation von Wolfgang Schröder wird mit Elementen des Qi Gong folgender Spruch gesagt. Er drückt gleichzeitig gut aus, was die Brennnessel in uns bewirken kann: »Ich vertraue dem Fluss des Lebens. Ich komme immer an und bin schon da. Ich bin.«

Jede Beschäftigung mit der Brennnessel bringt uns ihr naher. Indem man sie zu Salben oder Haarwasser verarbeitet, sich bewusst an bestimmten Körperteilen mit ihr sticht, sie im Garten nutzt, mit ihr färbt oder, wie ich es intensiv tue, die Stängel zu Fasern verarbeitet. Je mehr Aspekte man von der Pflanze wahrnimmt, desto besser lernt man sie kennen und schätzen.

Auch beim Zeichnen entsteht eine ähnliche Entrücktheit wie bei den Pflanzenmeditationen. Es braucht oft einige Anläufe, bis sich eine gewisse Eigendynamik entfaltet. Ich bin dann selbst erstaunt, was ohne Anstrengung entstanden ist. Intuitiv hatte ich zum Schluss helle Farben über die Zeichnung gelegt. Später las ich in Rudolf Steiners Farben- und Pflanzentheorie, dass beim Zeichnen von Pflanzen mit dunklen Farben begonnen werden muss und zum Abschluss ein heller Schein über die Zeichnung gesetzt wird, damit die Pflanze lebendig erscheint. Bei Zeichnungen von Tieren und Menschen geht man anders vor. Das hat mit der unterschiedlichen Verortung von Geist und Seele zu tun.[67] Pflanzen strahlen, sie sind ekstatisch. Auf Seite 66 und 67 habe ich den Aufbau einer meiner Pflanzenzeichnungen dargestellt.

Dschala Yoga: Die Brennnessel verinnerlichen. Hier das jährliche Brennnesselwettessen in Dorset, England: ohne meditativen Effekt, dafür sehr lustig, eher Lachyoga für die Zuschauer.

Der Brennnessel danken.

All-Eins
Wahrheit
Energie
Wärme
Harmonie
Schöpfung
Macht

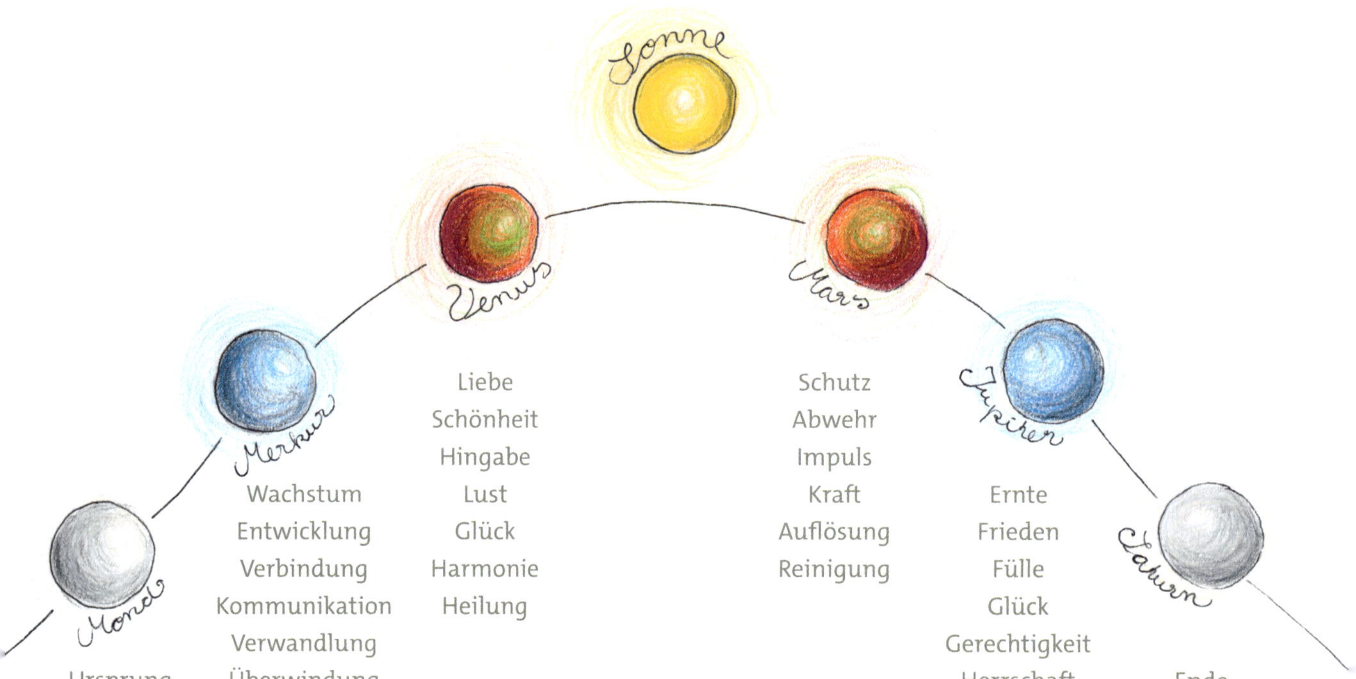

Ursprung
Beginn
Gestaltlosigkeit
Fruchtbarkeit
Regeneration

Wachstum
Entwicklung
Verbindung
Kommunikation
Verwandlung
Überwindung
Suche

Liebe
Schönheit
Hingabe
Lust
Glück
Harmonie
Heilung

Schutz
Abwehr
Impuls
Kraft
Auflösung
Reinigung

Ernte
Frieden
Fülle
Glück
Gerechtigkeit
Herrschaft
Meisterschaft

Ende
Reduktion
Tod
Horizont
Ewigkeit
Struktur

Das Universum,
alles was wir wahrnehmen,
hat zwei Pole.
Wo Licht ist, ist auch Schatten.
Yin und Yang, das männliche und weibliche Prinzip,
in der Einheit werden sie zu einem Ganzen.
Das Ganze ist Liebe.
Pole können nicht Gut oder Böse sein,
sie bedingen einander.
Begrenzte Sicht führt zu einer Bewertung und Leid,
ganzheitliche Sicht führt zu Verständnis und Heilung.[68]

SIGNATUR DER BRENNNESSEL

Mars und Venus, Ying und Yang, Mutter und Kriegerin – die Brennnessel verkörpert die Polarität.

Pflanzen werden in der Signaturenlehre verschiedenen Planeten zugeordnet, denen verschiedene Eigenschaften zugesprochen werden. Die Gesamtheit der Merkmale einer Pflanze, die Signatur, lässt auf eine wesenhafte Verwandtschaft mit einem Himmelskörper schließen. Die Lehre geht von einem Einfluss der Planeten auf die Pflanzen aus. PARACELSUS meinte, dass jeder Kräuterarzt zugleich Astrologe sein müsse, um den Pflanzen gerecht zu werden. Auch in der chinesischen Tradition und bei den Ureinwohnern Amerikas werden Pflanzen den Sternen zugeordnet.[69]

Das Denken in Analogien, also das Denken in Entsprechungen und Ähnlichkeiten, findet sich bei vielen heilerischen Anwendungen wieder, zum Beispiel bei Sympathiemagie, Amuletten mit Symbolzeichen oder beim Reiki, wo durch Symbole Energien verstärkt werden.

Heilkräuter haben demnach kosmische Kräfte, die sich im Aussehen und anderen Merkmalen zeigen. Die Brennnessel wird als Marspflanze gesehen. Im biologisch-dynamischen Gartenbau werden Brennnesselpräparate verwendet, um die Marskräfte in den Pflanzen zu stärken und weiche, schleimige Mikroorganismen, Schimmelpilze und Mehltau, also mondenhafte Einflüsse, einzuschränken. Doch die Brennnessel beinhaltet auch den Gegenpol, die Venus. Sie ist also eine Pflanze, die beide Pole in sich hat! Deshalb wird sie als Kriegerin bezeichnet, die zugleich Mutter ist, sie gibt dem Menschen äußeren Schutz und innere Sanftheit. Die Pflanze ist somit auch ein liebevolles, Schönheit förderndes Wesen. Sogar ihr Stechen ist heilsam, sie injiziert uns die Medizin direkt unter die Haut. Oft sind die schmerzhaftesten Erlebnisse die heilsamsten, wenn man die Botschaft erkennt.

All das ist nicht allein mit logischem Denken zu erfassen und auszudrücken. Der Philosoph und Biologe ANDREAS WEBER sagt, dass die Wahrheit sich nicht auf linear-logische, sondern auf symbolisch-poetische Weise enthüllt.[70] Leben sei ein Prozess der Kontrolle, der in einen Prozess schöpferischer Unkontrollierbarkeit übergehe: ohne Angst lebendig sein und mutig sterben lernen. Auch die Liebe, die treibende Kraft des Lebens, ist mit logischem Denken nicht erklärbar. Unsere Welt leidet an mangelnder Liebe. Liebe zeigt sich in Lebendigkeit und kann sich in allen Dingen, in allen Lebewesen zeigen.[71]

Wie können wir die Signatur einer Pflanze erkennen? Wenn wir einen Menschen beschreiben, tun wir dies nicht durch eine positivistische Beschreibung seiner Inhaltsstoffe, seiner chemischen und physikalischen Vorgänge. Wir nehmen das Verhalten und die Ausstrahlung mit verschiedenen Sinnen wahr. Ein zugewandter, nicht wertender Blick erkennt dann das innere Wesen. Bei der Signaturenlehre gehen wir ebenso vor. Wir sehen uns viele Einzelheiten an, um die Pflanze kennenzulernen. Auch hier ist ein liebender, vorurteilsfreier Blick wichtig. Aus diesen Aspekten werden die heilerischen Kräfte der Pflanze gedeutet.

Brennnesselmutation mit drei Blättern pro Blattachse. Nach der Lehre der Heiligen Geometrie entstehen die Zahl drei und das Dreieck aus der Vermählung zweier Kreise, aus dem Dualismus. Kommen diese ins Gleichgewicht, wirken sie gemeinsam schöpferisch. Eine Zauberbrennnessel?

Geruch

Zerriebene frische Brennnesselblätter haben einen grasig-krautigen Duft, bei getrockneten Blättern schwankt der Duft je nach Luftfeuchtigkeit von einem Heuduft (Cumarine) bis zu einem herben, pilzigen (Eiweiß) und rauchigen Duft (Räucherkraut), der schnell auch etwas modrig werden kann. Vergorenes Kraut bekommt einen starken Güllegeruch (Hinweis auf Bezug zu Harnwegen). Verräuchert ist das Kraut angenehm würzig.

Farbe

Das kräftige Grün der Blätter und des Stängels dominiert und schimmert in vielen Abstufungen im Sonnenlicht. Triebe, Stängel und die Unterseiten der Blätter sind teilweise rot unterlaufen. Frische zerriebene oder gekochte Blätter oxidieren schnell an der Luft und werden braun (Hinweis auf Eisengehalt, blutbildende Eigenschaften). Die Wurzel ist leuchtend gelb (Hinweis auf Wirkung auf die Harnwege).

Form

Die Brennnessel wächst zunächst gerade und symmetrisch, elegant und erhaben. Die Blüten sind fein, mit dicht wachsenden gezähnten, tief mit Adern durchfurchten Blättern (Hinweis auf den Gebrauch als Schönheitsmittel). Es ist eine blattbetonte Pflanze – Blätter sind das »Atemorgan« der Pflanzen –, weshalb sie nach RUDOLF STEINER eine positive Wirkung auf die Lungen hat. Der Stängel ist vierkantig, die Ecken abgerundet, dazwischen feine Rillen. Er ist hohl (Hinweis auf eine »in Fluss bringende« Wirkung). Feine Brennhaare wachsen auf der ganzen Pflanze (Hinweis auf die Wirkung gegen stechende, schmerzende Leiden; auch auf eine Wirkung für die Haare). Später verzweigt sich die Pflanze; sie kann sehr groß werden (Hinweis auf kräftigende Eigenschaften).

Brennnesseln schmecken frisch am besten.

Geschmack

Junge Triebe im Frühjahr schmecken süßlich saftig, fast fruchtig. Ältere Blätter sind krautiger, trocken und rau. Im Herbst nachwachsende Blätter werden wieder schmackhafter und süßlich. Gekocht erinnert der Geschmack an Spinat, mit einer etwas pilzigen Note. Die Samen sind leicht nussig (Hinweis auf wertvolle Nahrungspflanze). Frische Blätter und auch die Samen brennen manchmal ein wenig, auch wenn man die Brennhaare abgestreift hat (deutet auf die erhitzende Eigenschaft).

Verhalten

Die Brennnessel wehrt sich bei unachtsamer Berührung mit ihren Brennhaaren nach außen. Sie ist dann aggressiv und direkt. Sie sticht und heizt ein, aber sie verletzt nicht. Sie weckt

An Gewässern wachsen Brennnesseln besonders kräftig.

vielmehr auf, stachelt an, feuert an (Hinweis auf Wirkung bei Wahrnehmungsschwäche, Antriebslosigkeit, Mangel an Durchsetzungskraft, Abgrenzungsschwäche). Innen ist die Brennnessel sanft und liebevoll. Ihre Fasern sind fein und weich. Ihre Inhaltsstoffe heilsam und stärkend (Hinweis auf Stärkung der inneren Ruhe, Schutz vor äußeren Angriffen, gute Wirkung bei Allergien).[72]

Volksnamen

- Blitzele, Sengnessel, Feuerkraut (Hinweis auf Wirkung bei brennenden Leiden)
- Dudelkolbe, Brühnessel (Hinweis auf milchbildende Eigenschaft)
- Haarwurz (Hinweis als Haartonikum)
- Hanfnessel (Hinweis auf die Faserpflanze)
- Gichtrute (Hinweis auf Wirkung gegen Gicht)
- Donnernessel (Hinweis auf Zaubermagie)

Fortpflanzung

Die Brennnessel verbreitet sich nicht nur geschlechtlich über Samen, sondern auch über Wurzelausläufer. Sogar angetrocknete Stängelstücke können, wieder in die Erde gesteckt, Wurzeln schlagen (Hinweis auf Vitalität und Durchsetzungskraft). Die Pollen der männlichen Pflanze werden explosionsartig bei Sonneneinstrahlung zu den weiblichen Pflanzen geschleudert (Hinweis auf Potenz und fruchtbarkeitsfördernde Wirkung). Sie benötigt weder Insekten noch Wind, um sich fortzupflanzen. Die zahlreichen Samen finden viele Wege für ihre Verbreitung. Sie haften sich an das Fell von Tieren, werden von Wind und Wasser fortgetragen (Hinweis auf Unabhängigkeit und Beweglichkeit).

Das Aussehen der Brennnessel kann sehr unterschiedlich sein.

Die Stängel sind stabil und standfest und die Fasern weich und seidig.

Konsistenz

Die Blätter fühlen sich weich und rau zugleich an. Der Stängel wird fest und zäh, später holzig und hart, er steht selbst im Winter noch lange aufrecht und ist biegsam (Hinweis auf kräftigende Eigenschaften auf Bindegewebe und Venen). Die kräftigeren Wurzeln sind zäh und hart, gleichzeitig gibt es auch sehr feine. Die herausgelösten Fasern sind sehr weich (Hinweis auf kräftigende Wirkung auf Haut und Haare).

Rhythmus

Die Blätter sind regelmäßig gezackt und kreuzweise gegenständig am Stängel angeordnet (Hinweis auf harmonisierende Eigenschaft).

Die Blätter stehen symmetrisch kreuzgegenständig am Stängel. Die Zähnung ist regelmäßig.

Standort

Die Brennnessel ist sehr anpassungsfähig. Sie begnügt sich auch mit Mauerritzen, erobert Brachflächen und Kahlschläge. Sogar auf belasteten Böden wächst sie und kann mit ihren tiefwachsenden feinen Wurzeln den Boden auflockern, entgiften und selbst Humus bilden (Hinweis auf entgiftende, wundheilende und Nierengrieß auflösende Wirkung).

Lebensdauer

Die Brennnessel trägt in unseren Breiten beinahe das ganze Jahr grüne Blätter. Sie ist eine ausdauernde Staude. Leichter Frost macht den Blättern nichts aus. Die Wurzeln sind robust und schwer zu entfernen, die ganze Pflanze ist langlebig (Hinweis auf »Durchhaltemittel«, Stärkung im Alter, Kraftspender bei chronischen Beschwerden).

Brennnesseln können weit über zwei Meter hoch wachsen.
Sie wachsen auch in Steinritzen.

BRENNNESSELPOESIE

Pflanzen können uns auch zum Schreiben eines Gedichts inspirieren oder Stoff für ein eigenes Märchen oder einen Roman liefern. Beim Schreiben setzt man sich intensiv mit der Pflanze auseinander. Man kann damit beginnen, Worte aufzuschreiben, die einem beim Wahrnehmen der Pflanze ganz spontan einfallen. Auch alles, was man sonst von der Pflanze erspürt, kann einfließen. Das fühlt sich dann an, als erreiche uns etwas aus einer anderen Dimension, ein Zwiegespräch mit einer anderen Welt.

Für die Brennnessel habe ich mir Texte ausgedacht, die ihre Merkmale, ihre Vorzüge, ihren Nutzen für uns zusammenfassen. Ein paar habe ich hier aufgeschrieben.

Brennnesselfreunde

Achtsam soll man dich berühren,
dein Feuer brennt, ich kann es spüren.
Deine Gaben, deine Liebe,
sind nichts für grobe Pflanzendiebe.
Wurzel, Blätter, Samen, Kraut,
für Niere, Lunge, Blut und Haut.
Nahrung, Grün- und Zauberkräfte,
Faser, Rauch und Färbesäfte.
Wer Urtica zur Freundin hat,
bleibt stark, gesund und schön und satt.

Brennnesselliebe

In voller Blüte steht die Nessel
bewegt sich sinnlich mit dem Wind.
Herr Urtika springt aus dem Sessel:
»Mit dieser Frau will ich ein Kind!«
Er streckt und reckt sich
für den Traum,
will sie so gern berühren.
Die Nesseldame merkt es kaum,
will Wind und Sonne spüren.
Da explodiert bei Licht der Sonne
aus seinen Pollen feiner Staub.
Im Luftzug spürt die Nesseldame Wonne,
es kitzelt leicht auf ihrem Laub.
So wird aus Liebe, Sonnenlicht und Wind,
bald schon ein zartes Pflanzenkind.

Bei unseren Vorfahren und auch in anderen Kulturen war es üblich, den Pflanzen mit Gedichten, Liedern und Geschichten zu danken oder magische Sprüche auszusprechen, um etwas zu erbitten. Zu jeder Heilbehandlung gehörten »Wort und Wurz«. Der Heiler begleitete die Gabe der Heilpflanzen mit bestimmten Sprüchen, Formeln, Symbolen, Tönen oder Gesängen, um eine Heilung in Gang zu setzen. Auch ich wollte für mich einen ganz persönlichen Zauberspruch kreieren, den ich zum Beispiel beim Rühren von Suppen sagen und so eine meditative Atmosphäre schaffen kann.

Brennnesselaussteiger

Grünes Feuer brenne sacht,
bring mein Blut zum Glühen.
Sägeblätter haben Macht,
dass wir uns wieder spüren.
Schmerzhaft müssen wir erkennen,
dass wir nur funktionieren,
zur Arbeit und zur Kita rennen,
das schlägt sich auf die Nieren.
Das Gift der Zeit, spül es hinaus
und bleib einfach mal stehen.
Du brauchst nicht viel, verkauf dein Haus,
sei frei und lerne sehen.

Zauberspruch

Brenne, brenne Brennnessel,
gib mir Kraft und Mut.
Blätter, Wurzeln in den Kessel,
grüne Blätter, rotes Blut.

Probieren Sie es aus, und finden Sie für sich die richtigen Worte, die Sie bei der Begegnung mit der Pflanze begleiten werden.

DER PRAKTISCHE BLICK

Es ist eine Freude, Brennnesseln in freier Natur zu pflücken, je frischer sie sind, umso besser, schrieb MARIA TREBEN. Sie bedauerte schon 1980, dass Brennnesseln mit Pestiziden sogar bis an den Waldrand und unter den Hecken bekämpft und somit auch Vögel und Insekten vernichtet werden. Es wäre wesentlich schonender, sie mit der Sense zu schneiden.[73] Gift wird heute zum Glück weniger versprüht. An Flüssen und abseits von landwirtschaftlich genutzten Feldern kann man also unbesorgt sammeln. An Straßenrändern, an Bahngleisen und an Wegen, wo viele Hunde laufen, lasse ich die Brennnesseln stehen. Wer über die Gegend Bescheid weiß, in der er sammelt, der weiß, wie Wald und Wiese behandelt werden, und bekommt ein Gefühl dafür, was gut ist. Gekaufte Kräuter sind oft nicht gut getrocknet und gelagert worden. Manchmal werden sie in praller Sonne ausgelegt, manchmal sogar zwischen Hühnern. Wer selbst sammelt, ist sich sicher, was für eine Qualität die Kräuter haben.

Da Brennnesseln unseren Vorfahren als Schutz gegen böse Flüche und Geister galten, ließ man sie um die Behausungen wachsen. So hatte man sie auch zum Ernten in der Nähe. Besonders gut wachsen sie nahe bei einem Komposthaufen. Über Wasserkreuzungen im Boden gedeihen sie ebenfalls üppig, solche Plätze waren den Kelten heilig.

Heute gibt es wieder mehr Menschen, die Brennnesseln schätzen und sie bewusst anbauen möchten, zumal sie nicht nur Mensch und Tier nützen, sondern auch Böden heilen können. Brennnesselpflanzen nehmen Schwermetalle aus belasteten Böden auf. An solchen Orten sollte man die Brennnessel allerdings nicht zum Verzehr ernten. Sie zeigt auch einen hohen Stickstoffgehalt des Bodens an und wandelt ihn um, zudem lockert sie mit den feinen und tiefen Wurzeln den Boden auf.

ANBAU

Brennnesseln können über mehrere Jahre am gleichen Ort wachsen. Nach drei bis vier Jahren wird eine Anbaupause empfohlen. Für Folgekulturen könnte die Durchwurzelung allerdings nachteilig sein. Im ersten Jahr kann man mit drei Krauternten rechnen: Ende Juni, Ende Juli, Ende August/Anfang September. Ab dem zweiten Jahr sind bis zu fünf Ernten möglich, wenn ab Mai geschnitten wird. Geerntet wird das Kraut, wenn die unteren Blätter anfangen gelb zu werden oder sich Blütenknospen bilden. Die größten Anbauflächen für Brennnesseln gibt es in der Ukraine.[74] Auch bei uns werden Brennnesseln wieder für Tee, als Chlorophyllquelle und auch für die Fasergewinnung angebaut. Außerdem wird der Anbau auch als Heilkur für zuvor intensiv genutzte landwirtschaftliche Flächen empfohlen.[75]

Aussaat

Aus den Brennnesselsamen kann man ab Februar im Gewächshaus Jungpflanzen ziehen; die Samen werden nur leicht abgedeckt, Brennnesseln sind Lichtkeimer. Ab Mitte März werden die Pflänzchen pikiert und können ausgepflanzt werden. Etwa 800 Pflanzen pro 100 Quadratmeter werden als optimal angegeben. Direkt kann man Brennnesseln ab April aussäen. Empfohlen werden 40 bis 60 g Saatgut auf 100 Quadratmeter.

Brennnesselanpflanzung durch Stecklinge.

Anpflanzung

Brennnesselwurzelstücke von etwa 10 cm Länge können ab Mitte April in kleinen Parzellen von 70 mal 20 cm ausgelegt werden. Die Anpflanzung über Wurzelausläufer ist zwar aufwendiger als mit Samen, sie wachsen aber sicherer an. Die Firma MATTES & AMMANN setzt Stecklinge für ihre Fasernesseln. Sie können mit Pflanzmaschinen in Reihen gesetzt werden.

Düngung

Bei mehrjährigem Anbau brauchen die Brennnesseln ausreichend Stickstoff, damit sie groß und kräftig wachsen, eine Nachdüngung nach jedem Schnitt erhöht den Ertrag. Auch ein gut durchfeuchteter Boden lässt sie besser wachsen. Frischer Stallmist oder Gülle sollte nicht auf die Brennnesselkultur ausgebracht werden, da deren hoher Keimgehalt negative Auswirkungen hat.[76]

Erntekalender Brennnessel

(mittlerer Erfahrungswert in Baden-Württemberg, kann regional und je nach Klimaverhältnis abweichen)

	Verwendung	Verarbeitung für die Lagerung	Januar	Februar	März
Wurzeln	Tinktur, Räuchern, Tee	in 5 bis 10 cm teilen, Trocknung bei 30 bis 60 °C			
Triebe	Gemüse, Frischpresssaft, Tee	am besten frisch			
Blätter	Tee, Gemüse, Bier, Limonade, Räuchern, Salbe, Energiepulver	schnelle Trocknung bei etwa 35 °C, rascheltrocken			
Kraut	Jauche, Anpflanzhilfe, Tierfutter, Tee, Urtifikation, Bäder	schnelle Trocknung bei etwa 35 °C, rascheltrocken, auch in Bündeln			
Blüten	Tee, Räuchern, Bierzutat	schnelle Trocknung bei etwa 35 °C, rascheltrocken			
Samen	Proteinquelle, Nahrungsergänzung, Tierstärkung, Samensalz	schnelle Trocknung auf Papier bei etwa 35 °C			
Stängel	Fasern für Wolle und Kordeln, Mulchmaterial	Trocken in Bündeln lagern			

Ernte und Ertrag

Möchte man Blatt und Faser nutzen, wird im frühen Sommer geschnitten, geht es nur um die Fasern, wird später geschnitten. Die geschnittenen Brennnesseln lässt man nur wenig auf dem Feld anwelken, denn sind die Blätter zu trocken, fallen sie beim Ernten ab. Eine Bodenverdichtung durch schwere Erntemaschinen hemmt das Wachstum in den Folgejahren.

Für die Züchtung »Marlene« der Firma MATTES & AMMANN wird ein Ertrag von getrocknetem Nesselstroh unter günstigen Bedingungen bei etwa 5 bis 6 Tonnen pro Hektar angegeben. Der nutzbare Fasergehalt beträgt davon 12 bis 15 Prozent. Das ergibt einen Flächenertrag von 0,6 bis 0,9 Tonnen pro Hektar Nesselfaser.[77]

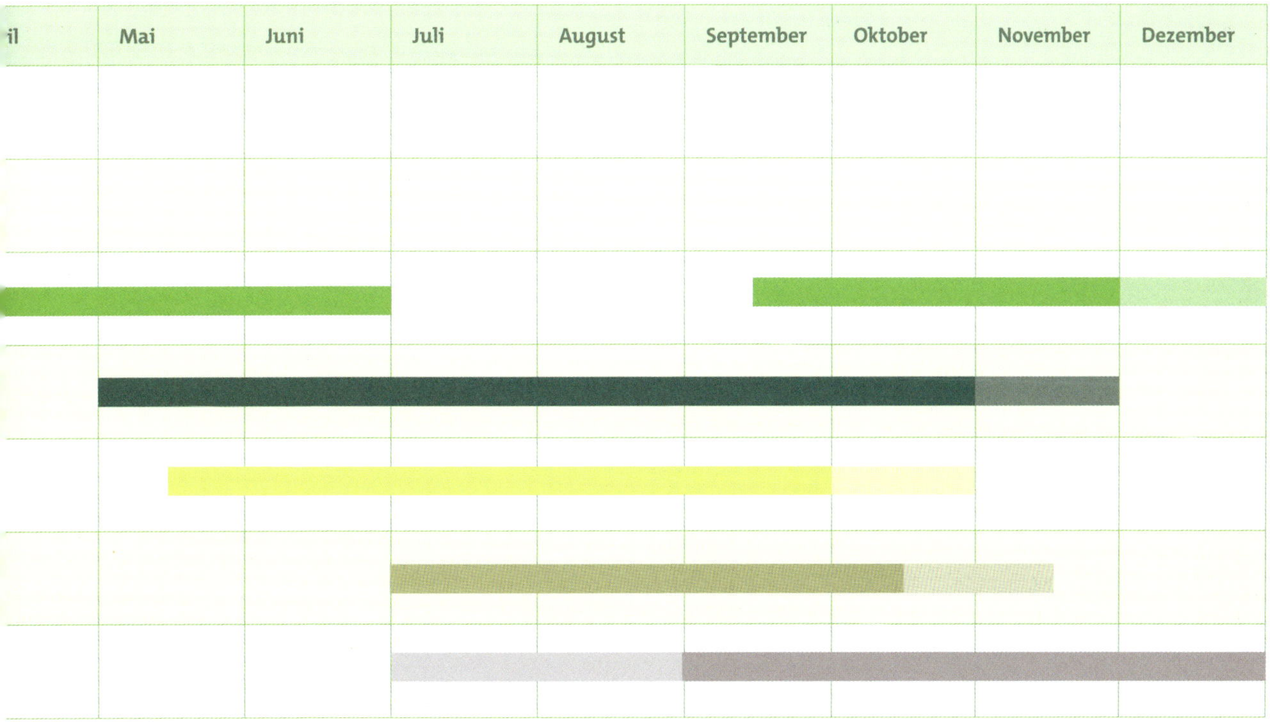

Januar
Februar
März
April
Mai
Juni
Juli
August
September
Oktober
November
Dezember

DIE BRENNNESSEL IM JAHRESLAUF

Um eine Pflanze gut kennenzulernen, sollte man sie über das ganze Jahr hinweg beobachten. Es ist spannend, wie sie sich verändert. Wird sie nicht geschnitten, wächst sie bis Ende Oktober immer höher und kräftiger, verzweigt sich manchmal sehr, manchmal gar nicht. Farblich schwankt ihre Erscheinung zwischen leuchtenden Grüntönen im Sonnenlicht und dumpfem tiefem Grün im Schatten. Im Frühjahr noch eher biegsam und weich, wird der Stängel im Sommer und Herbst dann zäher und verholzt schließlich. Im Winter stehen nur noch die unscheinbaren grauen Stängel.

Die Brennnessel können wir das ganze Jahr über für uns nutzen, je nach Jahreszeit bietet sie uns, was wir brauchen. Im Frühjahr möchte ich wieder in Schwung kommen, den Körper von Schleim und Giften befreien. Im frühen Sommer verwende ich sie für den Garten, um andere Pflanzen zu stärken oder um einige Blätter für den Winter zu sammeln. Im Sommer lasse ich die Pflanze ansonsten eher in Ruhe, nun brauchen sie die Insekten. Später im Sommer gibt es dann Samen. Im Herbst ist noch einmal eine gute Zeit, Brennnesseln zu sammeln, um sich damit für den Winter zu stärken. Wurzeln grabe ich im Winter aus. Auch die Fasern ernte ich bevorzugt jetzt, da die Arbeit mit der Faser besser in die dunkle Jahreszeit passt. Die Pflanze hat ihre Kräfte in die Wurzeln zurückgezogen, sodass sie die Stängel gerne abgibt. Außerdem kann man nun Blätter und Wurzeln verräuchern.

Im Folgenden wird beschrieben, wie sich die Pflanze über das Jahr hinweg verändert, wie ich sie wahrnehme und in der jeweiligen Jahreszeit für mich nutze. Zudem gibt es Rezepte für – größtenteils vegane – Speisen, Heilmittel und Verwendungshinweise für Garten sowie Landwirtschaft. Die Rezepte und Anleitungen sollen als Basis für weitere, eigene Entdeckungen verstanden werden. Da sich die Pflanze im Jahresverlauf ständig verändert und auch der Standort ihre Beschaffenheit beeinflusst, sind genaue Angaben bei den Rezepten nicht immer möglich. Außerdem ist es schön, das zu verwenden, was es gerade gibt, und damit kreativ umzugehen.

mf 2020

FRÜHLING

Schon im Februar kommen die ersten Brennnesseltriebe an sonnigen Stellen aus dem Boden. Oft verraten die kahlen grauen Stängel vom Vorjahr, wo sie zu finden sind. Vertrocknete und verrottende Stängel am Boden bieten einen guten Schutz für die Pflänzchen. Die Brennnessel verbreitet sich überwiegend über Wurzelausläufer, aus denen die jungen Triebe sprießen. Grundsätzlich bevorzugt sie feuchte Orte im Halbschatten. Dort sind die jungen Pflanzen vor zu starkem Nachtfrost und zu starker Sonne geschützt. Die alten Stängel haben manchmal noch unversehrte Fasern. Ich breche die Stängel im Vorbeigehen. Wenn die Fasern nicht mitbrechen, sind sie noch intakt, und ich kann mir unterwegs eine Kordel daraus drehen oder ein Bündel von ihnen zum Verarbeiten mitnehmen.

Im April reichen die frischen Pflanzen schon bis zu den Knien, im Mai werden die Stängel schon sehr faserig und fest. Nun haben auch die Tiere die Pflanze entdeckt. Ameisen, Marienkäfer, Schmetterlingsraupen und Schnecken sieht man in ihrer Nähe. Die Brennhaare werden jetzt stärker. Je nach Standort kann die Intensität sehr verschieden sein. Erste Blütenansätze kann man im Juni entdecken.

Der Kleine Fuchs, auch Nesselfalter genannt, wartet schon sehnlichst auf die Brennnesseln, die noch verborgen unter den Stängeln wachsen.

Brennnesselernte im Frühjahr

Die ersten Triebe sind noch weich, kaum faserig und haben nur wenige Brennhaare. Man kann sie vorsichtig mit der Hand pflücken. Man kann die Sprosse direkt essen, sie sind erstaunlich süß und saftig. Dafür drücke ich sie ein bisschen zusammen, damit sicher kein Brennhaar mehr vorhanden ist, denn das tut im Mund ziemlich weh.

Zuhause bereite ich aus den Trieben einen Salat, ein Gemüse oder einen Frischpresssaft. Nach dem Winter spüre ich sofort die entgiftende und gleichzeitig stärkende Grünkraft. Weil die Pflanze im Frühjahr schnell wächst, gibt es die ganz jungen, zarten und leckeren Triebe nur ein paar Wochen im Jahr. Die Blätter schmecken aber bis in den Mai immer noch sehr gut.

Brennnesselwurzeln, an einem sandigen Flussufer ausgespült.

Am besten pflückt man die oberen vier bis sechs Blätter ab, um sie für Gemüse oder Salat zu verwenden. Wer das Kraut trocknen möchte, kann die ganze Pflanze vorsichtig ein paar Zentimeter oberhalb des Bodens abschneiden. Die Brennhaare können beim Ernten in Richtung Spitze abgestreift werden. Dazu greife ich sie vorsichtig an der Spitze, knipse den Stängel unten ab und streiche dann mit der Hand von unten her über Stängel und Blätter. Die Brennhaare sind nun weitgehend zerbrochen. Zum Trocknen breite ich sie an einem warmen, gut belüfteten Ort aus, oder ich zupfe die Blätter ab und lege sie auf ein mit einem Baumwollstoff belegtes Gitter.

Brennnesselwurzeln kann man noch bis in den März hinein ausgraben, wenn die Triebe noch nicht zu groß sind. Die intensiv gelbe Wurzel ist sehr zäh und kann gut getrocknet werden, indem man sie an einem warmen und luftigen Ort aufhängt oder auslegt.

Im Frühjahr sind die Brennnesseltriebe rötlich. Dass dies die Anthozyane sind, Pflanzenfarbstoffe, die als Sonnenschutz wirken, ist gut möglich. Sie färben den Brennnesselsirup rosa.

Pflanzenbegegnung im Frühjahr

Brennhaare von unten nach oben abstreifen.

Das Frühjahr ist eine gute Jahreszeit, sich mit der Brennnessel anzufreunden. Sie erscheint weniger abweisend, und die Brennhaare sind noch nicht so stark. Wenn es beim Ernten ein wenig sticht, empfinde ich das eher als wohltuend, denn das Brennen wärmt und aktiviert. Ich habe schon meine nackten Füße in die Brennnesseln gehalten, um sie zu wärmen. Erst merkt man kaum etwas, nach ein paar Sekunden kribbelte es dermaßen, dass mir fast schlecht wurde. Da die Wirkung etwas zeitversetzt kommt, sollte man langsam vorgehen.

Wenn man ein Brennnesselblatt vorsichtig an die Stirn drückt, kann das leichte Kribbeln angenehm sein. Es aktiviert das »dritte Auge« und damit die Zirbeldrüse, die als das

Das dritte Auge aktivieren.

zugehörige Organ angesehen wird. Wenn ich es mit der Aktivierung übertrieben habe, suche ich mir ein Blatt vom Krausen Ampfer, Wegerich oder Springkraut, zerreibe es und drücke es an die Stelle, um die Reizung abzuschwächen. Dies ist auch ein Mittel für empfindliche Menschen, bei denen richtig brennende Quaddeln entstehen.

Im April und Mai werden die Brennhaare stärker. Nun übe ich, die Brennnessel beim Ernten so zu greifen, dass ich mich nicht zu stark verbrenne. Wenn ich in kurzer Hose unterwegs bin, streifen meine Beine oft die Brennnesseln. Da ich aber weiß, dass es den Beinen gut tut, macht es mir nichts aus. Schließlich regt es die Durchblutung an.

Sobald die Triebe im Frühjahr da sind, esse ich fast täglich Brennnesselgemüse oder trinke Frischpresssaft. Ich schaue mir die Pflanze genau an und zeichne sie nun gerne. Manchmal schneide ich eine Pflanze, nehme sie mit nach Hause und stelle sie in eine Vase. Auch ohne die Wurzeln lebt sie. Sie bildet neue Wurzeln, wenn man sie in die Erde steckt.

Raupen schätzen die Brennnessel besonders als Nahrungsquelle.

Es war im Frühjahr, als ich die Brennnessel für mich entdeckte. Ich war nach mehreren Nierenbeckenentzündungen ziemlich schwach. Jemand empfahl mir eine Kur mit dem reinigenden, wärmenden und kräftigenden Kraut. Deshalb sammelte ich es am Fluss und am Bach, aß oder trank täglich davon. Ich fühlte mich schon nach kurzer Zeit wieder stärker und vor allem mutiger. Die Pflanze hatte mit Sicherheit großen Anteil daran, aber auch der Aufenthalt in der Natur wirkte stärkend. Der Entschluss, mich selbstständig zu machen, fiel in dieser Zeit.

Eine weitere intensive Frühlingserfahrung hatte ich im März 2018. Ich suchte nach einem ruhigen Ort in der Natur. Ich spielte mit dem Gedanken, ganz wegzugehen, um naturnäher leben zu können. Ich ging nach Kroatien. Es war noch sehr kalt, manchmal schneite es sogar, aber Brennnesseln gab es schon viele. Ich aß täglich Brennnesselgemüse und war viele Stunden draußen. Dort hatte ich Zeit, mich mit der Theosophie RUDOLF STEINERS zu beschäftigen. Ich las und verstand sie diesmal sogar. Ich hatte intensive Träume und in der zweiten Woche Begegnungen mit Menschen, die sehr bewusst ein Leben in Frieden mit Menschen, Tieren und Pflanzen leben. Der Schwiegervater einer jungen kroatischen Mutter, die ich dort kennenlernte, erzählte mir, dass er durch seine Willenskraft und die Brennnessel wieder an Krücken zu gehen gelernt hat, nachdem er durch eine Kriegsverletzung querschnittgelähmt war.

Ich glaube, dass die Brennnessel das Bewusstsein schärft und Mut macht, Neues zu wagen. Eine Frühjahrskur mit Brennnessel ist auf jeden Fall reinigend für Körper und Geist.

Schnecken sind an frischen Brennnesseln eher selten.

Raupen fressen Brennnesseln kahl und verwandeln sich zu wunderschönen Schmetterlingen.

REZEPTE

Brennnesselgemüse

Pro Person

- 1 kleine Zwiebel
- 20 g Butter oder 20 ml Pflanzenöl
- 100 g junge Brennnesseltriebe
- 50 ml (Hafer-)Sahne oder Joghurt
- Salz (evtl. Brennnesselsamensalz)
- Muskat
- Brot, in Scheiben geschnitten

Die Zwiebel klein schneiden und in dem Öl oder der Butter andünsten. Die Brennnesseln in ein Geschirrtuch geben und mit einer Nudelrolle andrücken, damit die Brennhaare zerbrechen. Dann grob zerkleinern, zu den Zwiebeln geben und kurz mitbraten. Die (Hafer-)Sahne oder den Joghurt zugeben. Die Herdplatte ausschalten und das Gemüse noch etwas durchziehen lassen. Mit Salz und Muskat würzen. Das Brot toasten oder rösten, das Wildkräutergemüse daraufgeben und warm servieren. Statt auf Brot schmeckt das Gemüse auch gut auf Rösti.

Variante: Die Brennnesseln können auch mit Taubnesseln, Giersch, Löwenzahn, Spitzwegerich oder anderen Wildkräutern gemischt werden.

Tipp: Brennnesseln lassen sich allgemein wie Spinat verwenden. Zum Beispiel in Lasagne, Quiche oder Maultaschen.

Frischpresssaft

Pro Glas

- 20–50 g frische Brennnesseltriebe
- 200 ml Wasser
- evtl. Salz (Brennnesselsamensalz)

Die Brennnesseltriebe oder -blätter klein schneiden und mit dem Wasser im Mixer pürieren. Durch ein Mulltuch drücken. Mit etwas Salz würzen und gleich trinken. Der Saft oxidiert schnell an der Luft und schmeckt dann nicht mehr gut.

Brennnesselwasser

Brennnesselblätter in einen Krug Wasser geben und abgedeckt etwa 2 Stunden ziehen lassen. Dann abgießen und über den Tag hinweg gekühlt trinken.

Variante: Brennnesselwasser mit Apfelsaft mischen und gekühlt trinken.

- 1 Handvoll frische Brennnesselblätter
- 1 l Wasser

Rosa Brennnesselsirup

Ein etwa 2 Liter fassendes Glas mit den Brennnesseln füllen. Die Zitrone in Scheiben schneiden und dazugeben. Das Wasser erhitzen und den Zucker darin auflösen, ganz abkühlen lassen, ansonsten wird der Sirup braungrün. Die Brennnesseln und Zitronen damit übergießen. Einen Tag abgedeckt stehen lassen, so bekommt der Sirup eine rosa Farbe. Erntet man die Brennnesselspitzen später im Jahr, wird er bernsteinfarben. Abfiltern, einmal kurz aufkochen lassen und in saubere Flaschen füllen. Zum Servieren wenig Sirup in ein Glas geben und mit kaltem Mineralwasser auffüllen.

Tipp: Nimmt man mehr Zucker, wird der Sirup haltbarer, verwendet man ihn bald, kann weniger Zucker zugesetzt werden.

- etwa 25 junge, rötliche Brennnesseltriebe (maximal 10 cm hoch)
- 1 unbehandelte Zitrone (oder 30 g Zitronensäure)
- 1 l Wasser
- 1 kg Zucker (oder Birkenzucker)

Brennnesselpesto

- 200 g frische junge Brennnesselblätter
- 100 ml Wasser
- 3 Knoblauchzehen oder 5–6 Bärlauchzwiebeln
- 50 g Sonnenblumenkerne
- 100 ml Olivenöl
- Salz

Die Brennnesselblätter im heißen Wasser wenige Minuten blanchieren. Abtropfen lassen und das Wasser auffangen (es lässt sich für das folgende Rezept verwenden). Die Brennnesseln fein hacken, ebenso den Knoblauch. Die Sonnenblumenkerne in einer trockenen Pfanne anrösten und fein hacken. Alles zusammen mit dem Olivenöl mischen und mit Salz abschmecken.

Das Pesto schmeckt gut auf Brot, zu Gemüse und Nudeln. Es hält sich gut eine Woche im Kühlschrank. Dazu die Oberfläche immer mit etwas Olivenöl bedeckt halten.

Brennnessel-Minze-Getränk

- Brennnesselwasser (vom Blanchieren der Blätter, siehe Rezept Pesto)
- 1 l Wasser
- ½ Zitrone, Saft
- 1–2 TL Melasse (Rübenzucker)
- 1 Zweig Minze zum Servieren

Das Brennnesselkochwasser mit 1 Liter frischem Wasser verdünnen. Den Saft der Zitrone dazugeben. Mit Melasse süßen, gut verrühren, bis sie ganz aufgelöst ist, und nochmals abschmecken. Einen Zweig Minze hineingeben und gekühlt servieren.

Neunkräutersuppe

Unsere Vorfahren, die Kelten und Germanen, bereiteten am ersten Sonntag nach dem ersten Frühlingsvollmond (Ostersonntag) eine Suppe aus neun Kräutern zu. Diese Tradition hat sich in der Gründonnerstagssuppe in vielen Gegenden erhalten. Die rituelle Speise dient dazu, sich mit der erneuernden und belebenden Kraft des Vegetationsbeginns in der Natur zu verbinden. Deshalb ist es wichtig, die Wildkräuter selbst in der Natur zu sammeln. Je nach Gegend wachsen unterschiedliche Wildpflanzen, weshalb die Zusammensetzung nach Vorkommen der Pflanzen verschieden ist. Die Brennnessel wächst jedoch überall und gehört immer dazu. Die ganz jungen Brennnesseltriebe schmecken besonders gut.

Die Zubereitung: Die Kräuter waschen und fein hacken. Den Dinkelgrieß oder das Dinkelmehl in einem Topf im Öl anschwitzen. Mit wenig Wasser ablöschen und klumpenfrei verrühren. Dann das restliche Wasser unter Rühren nach und nach hinzufügen. Die gehackten Kräuter dazugeben und kurz aufkochen. Wer mag, kann die Suppe pürieren. Mit Salz und Muskat abschmecken. In Suppentassen füllen und mit Schnittlauch, Brunnenkresse oder Blüten bestreuen. Dazu schmeckt Dinkelbrot.

Für 4 Personen

- etwa 100 bis 150 g frisch gesammelte Wildkräuter (neun verschiedene, z. B. Brennnessel, Löwenzahn, Schafgarbe, Spitzwegerich, Giersch, Taubnessel, wenig Gundermann, wenig Ruprechtskraut, Sauerampfer, Vogelmiere, Labkraut, Knoblauchsrauke, Bärlauch)
- 4 EL Dinkelgrieß oder Dinkelmehl
- 50 ml Sonnenblumenöl
- 1 l Wasser
- etwas Salz
- frisch geriebene Muskatnuss
- Schnittlauch, Brunnenkresse oder essbare Blüten (z. B. Gänseblümchen, Veilchen, Schlüsselblumen) zum Servieren

Brennnesselbier

Für 2 Liter Bier

- 400 g frische, saubere Brennnesselblätter (junge Blätter ergeben mildes Bier, ältere ein herberes)
- einige Stängel Gundermann
- 1 unbehandelte Limette oder Zitrone
- 10–20 g Ingwer oder Galgant
- 2 l kochendes Wasser
- 120 g Melasse (Rübenzucker)
- ½ TL Bierhefe oder Backhefe (macht das Bier hefiger)

Die Brennnesseln und den Gundermann grob schneiden. Die Zitrone oder Limette und den Ingwer ungeschält in Scheiben schneiden. Alles in den Topf mit dem kochenden Wasser geben und 20 Minuten köcheln lassen. Keine Metalltöpfe oder -behälter verwenden, die Gährung wird darin gehemmt. Durch ein Mulltuch abseihen. Dann den Rübenzucker hinzufügen und rühren, bis er aufgelöst ist. Den Sud auf Zimmertemperatur abkühlen lassen. Die Hefe in etwas Flüssigkeit anrühren, bis sie aufgelöst ist, und erst hinzufügen, wenn der Sud noch höchstens 40 Grad warm ist.

Den Brennnesselsud abgedeckt etwa drei Tage bei ungefähr 40 Grad stehen lassen, beispielsweise bei niedrigster Temperatur im Backofen. Oft reicht es, nur das Backofenlicht anzuschalten. Danach sollte die Flüssigkeit nur noch wenig gären. Gärt es gar nicht mehr, noch 1 Esslöffel Melasse hinzufügen und auflösen.

Dann die Flüssigkeit in kochend heiß ausgewaschene Bierflaschen mit Hebelverschluss abfüllen und verschließen. Nach etwa drei Wochen Lagerzeit ist das Bier fertig, es schmeckt nach gut einem halbem Jahr jedoch noch besser. Der Geschmack verändert sich im Laufe der Lagerzeit. Die Flaschen vorsichtig öffnen; es könnte stark schäumen, je nachdem, wie sehr es in den Flaschen nachgegoren hat.

Tipp: Wenn Gefahr besteht, dass das Bier während des Gärprozesses umkippt – insbesondere bei aufziehendem Gewitter – ein paar Brennnesselblätter auf den Sud legen.

Varianten: Anstelle von Gundermann kann man mit anderen Kräutern experimentieren, zum Beispiel Löwenzahn, Labkraut und Günsel.

Brennnessel-Hanf-Limo

Die Brennnesseln und das Cannabiskraut in eine Kanne geben. Die Zitrone auspressen und den Saft beiseite stellen. Die Schale der Zitrone klein schneiden und zu dem Kraut geben. Kraut und Zitronenschale mit dem kochenden Wasser übergießen, etwa 20 Minuten ziehen lassen, dann durch ein Mulltuch abseihen. Die Melasse dazugeben und rühren bis sie aufgelöst ist. Abkühlen lassen. Dann den Zitronensaft dazugeben. Die Limo in eine Flasche abfüllen. Zum Servieren etwa 50 ml Limo mit 200 ml kaltem Mineralwasser auffüllen.

Variante Brennnessel-Mate-Limo: Anstelle von Cannabiskraut getrocknete Mateblätter verwenden. Dies ergibt eine sehr aktivierende, konzentrationsfördernde Limonade.

Variante Flaschengärung: Das Limonadenkonzentrat kann in der Flasche auch zum Gären gebracht werden. Mir ist es einmal unabsichtlich in einer angebrochenen Flasche gegärt, woraufhin ich weitere Konzentrate vergären ließ. Der Gärvorgang setzt bei Zimmertemperatur nach ein paar Tagen ein. Wenn es statt zu gären schimmelt, ist es nur noch als Dünger zu verwenden. Der Druck in den Flaschen wird rasch zu groß. Die Flaschen täglich kurz öffnen, um Druck abzulassen. Nach etwa drei Tagen ist das Getränk fertig. Ich stelle die Flaschen in eine Wanne, da sie reißen könnten und beim Öffnen eventuell stark überschäumen und spritzen.

- 1 Handvoll junge Brennnesselspitzen
- 2 TL Cannabiskraut
- ½ unbehandelte Zitrone
- 500 ml kochendes Wasser
- 2 EL Melasse (Rübenzucker)
- Mineralwasser zum Aufgießen

SOMMER

Die Brennnessel ist im Sommer nicht mehr zu übersehen. Sie ist nun stark und wehrhaft und nimmt oft größere Flächen ein. An männlichen und weiblichen Pflanzen wachsen die Blüten, und im Spätsommer entwickeln sich die Samen. Wo geschnitten wurde, wachsen Brennnesseln nach, so kann man verschiedene Wachstumsstufen finden. Oft werden die männlichen Blüten fälschlicherweise als Samen betrachtet, weil sie gelblich leuchtend, rund und prall erscheinen. Die weiblichen Blüten sind unscheinbarer, kleiner und haben weißliche pinselige Büschelchen. Im Märchen der sechs Schwäne wird die Brennnessel »Sternenblume« genannt. Wenn man die weiblichen Blüten im Gegenlicht betrachtet, sehen sie wirklich wie kleine Sternchen aus. Bei Sonneneinstrahlung springen die reifen männlichen Blüten auf, und der Pollen wird in die Luft gewirbelt. Die weiblichen Blüten fangen ihn mit ihren Büschelchen auf.

Brennnesseln in der Abendsonne.

Das Aussehen der Brennnesseln ist im Sommer sehr vielfältig. Je nach Standort sind sie an feuchten, schattigen Orten kräftig, mit breiten Blättern, und erscheinen tiefgrün und dunkel. An sonnigen Hängen sind die Blätter schmaler, die Stängel oft rötlich. Die von der Sonne durchleuchteten Blätter strahlen hellgrün. Die Stängel werden nun hart und faserig. In trockenen Sommern kommt es vor, dass die Blätter hängen und manchmal völlig vertrocknen.

Nun findet man Schmetterlingsraupen an den Brennnesseln, sie fressen die Blätter. Die Raupen wirken ebenso stachelig behaart wie die Brennnesseln, ihnen machen die Brennhaare nichts aus. Andere Tiere meiden die Pflanze nun, die Verteidigungsstrategie der Brennnessel geht auf.

Brennnesselernte im Sommer

Die großen Brennnesseln ernte ich überwiegend, um daraus Pflanzendünger, Farbe oder Baststränge für Kordeln zu gewinnen. Für Speisen ist sie mir jetzt zu ausgetrocknet und faserig. In älteren Blättern bilden sich jetzt Zystolithen, deren Calcium-

Links: weibliche Blüten; rechts: männliche Blüten.

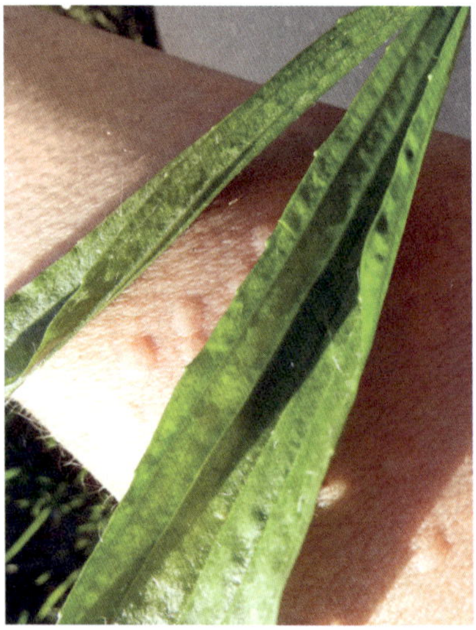

Das Brennen der Brennnessel kann mit Wegerich gelindert werden.

carbonatablagerungen nierenreizend wirken können. Man sollte sie deshalb zum Verzehr nicht verwenden.[78] Aber auch junge, nachwachsende Brennnesseln haben jetzt einen anderen Geschmack als die Triebe im Frühjahr. Sie sind zäher, brennen stärker und sind weniger süß. Zum Räuchern sammle ich das Kraut mit weiblichen Blüten, die ich besonders mag.

Die ersten Samen gibt es schon Ende Juli. Von diesen esse ich unterwegs manchmal einige und zerkaue sie gut. Im August sammle ich dann die Samen auch für den Winter. Ich nehme die noch grünen Samen, denn wenn sie trocken und dunkel werden, fallen sie schnell ab und schmecken weniger gut. Bis in den Oktober hinein gibt es Samen, zumal die Brennnesseln immer wieder nachwachsen. Wann es so weit ist, erkennt man leicht, denn die Brennnessel beugt sich unter dem Gewicht der Samen. Die Samen hängen in Rispen herunter und haben meist keine Brennhaare. Darauf verlasse ich mich jedoch nicht, deshalb reibe ich die Samen in der Hand, bevor ich sie esse. Zum Trocknen lege ich die Fruchtstände an einem warmen Ort auf Papier aus. Da die Samen etwas rau sind, verhaken sie sich wie Kletten an Stoff und in der Kleidung. Sind sie trocken, drücke und reibe ich die Rispen über einer Schüssel in den Händen, bis die Samen abfallen. In ein Glas gefüllt, bleiben diese Kraftspender lange haltbar.

Der Stängel der Brennnessel speichert viel Wasser im Chlorophyll und in den Glykosiden. Die Fasern kleben, sodass

Bei langer Trockenheit rollen sich die Blätter ein, damit weniger Feuchtigkeit verdunsten kann.

eine Aufbereitung für feine Fasern nahezu unmöglich ist. Aus den Fasersträngen Kordeln zu drehen, geht jedoch sehr einfach.

Im Sommer lasse ich die Brennnesseln aber lieber in Ruhe. Das Kribbeln und das Brennen auf der Haut, das nicht ganz vermeidbar ist, ist bei heißem Wetter ziemlich unangenehm und führt auch schneller zu Pusteln. Die brennenden Stellen sollte man auf keinen Fall mit Wasser »löschen«. Wasser verstärkt das Brennen noch. Wegerich und Krauser Ampfer auf die brennnenden Stellen gedrückt, helfen schnell und gut.

Raupe des Tagpfauenauges an der Brennnessel.

Oben: Die Raupe des Admirals rollt sich zum Verpuppen in Brennnesselblätter.
Unten: Raupe des Nesselfalters, auch Kleiner Fuchs genannt.

Pflanzenbegegnung im Sommer

Wer sich im Frühjahr schon gut mit der Brennnessel vertraut gemacht hat, wird auch im Sommer keine Angst vor ihr haben. Es ist nun sehr spannend, sie genau zu betrachten: die Insekten, die sie bevölkern; die feinen Blüten, die Brennhaare an Stängel und Blättern. Die Raupen der Schmetterlinge, insbesondere des Kleinen Fuchses und des Tagpfauenauges, fressen mitunter die Pflanze völlig kahl. Ich habe beobachtet, wie aus diesen doch etwas unheimlich aussehenden Raupen wunderschöne Schmetterlinge werden. Da wurde mir bewusst, welch eine transformative Kraft diese Pflanze nährt.

Bei einer meiner Kräuterwanderungen kam uns die Idee, dass man Brennnesseln für Menschen verwenden könnte, denen die Wahrnehmung ihres Körpers abhanden gekommen ist. Sie könnten sich mit Brennnesseln Schmerzen zufügen, anstatt sich mit scharfen Gegenständen zu ritzen. So könnten sie unbeschadet und ohne dass Narben zurückbleiben, wieder ins Hier und Jetzt zurückkehren. Zudem wirkt diese Prozedur durch die Inhaltsstoffe der Pflanze vermutlich vitalisierend und stimmungsaufhellend. Dass in der Vergangenheit möglicherweise eine solche Behandlung schon gängig war, darauf weist die Symbolik in manchen Märchen und Erzählungen hin.

Bei sonnigem Wetter kann man manchmal sehen, wie die männlichen Blütenpollen aufspringen. Am Waldrand oder am Fluss vor dunklem Hintergrund sieht man die Blütenstaubwolken, wenn die Sonne die Blüten anstrahlt. Dieses Phänomen zu fotografieren, ist nicht einfach, die Pollen sind schnell verflogen (siehe Bild Seite 13).

Die Brennnessel wächst oft an besonderen Orten, berichten Geomanten und Rutengänger. Wo sich Wasseradern kreuzen oder wo starke Erdstrahlung ist,[79] finden sich besonders viele. Früher fühlten sensitive Menschen Naturwesen oder Geister von Verstorbenen in dichten Brennnesselansammlungen. Gehe ich auf Wegen, wo zu beiden Seiten hohe Brennnesseln wachsen, oder sehe ich Brennnesseln von bis zu drei Meter Höhe, ergreift mich Ehrfurcht vor dieser in vielerlei Hinsicht beeindruckenden Pflanze. Im Sonnenlicht scheint das Grün zu

flimmern, zu brennen und wenn ich mich dort einige Zeit aufhalte, spüre ich die aktivierende Energie. Im Chlorophyll ist diese Grünkraft konzentriert.

Oft entdecke ich nach einer intensiven Brennnesselbegegnung auch andere Wunder der Natur um mich herum. Es gibt sie ja immer und überall, aber durch die Brennnessel, so empfinde ich es, wird das Bewusstsein dafür geschärft.

Reines Chlorophyll mit Öl zieht schnell in die Haut ein und macht diese seidig weich.

REZEPTE

Brennnesselkrapfen

Für 4 Personen

- 150 g Dinkelmehl
- 150 ml (Malz-)Bier oder Most
- 2 Prisen Salz
- 20 g Butter, zerlassen oder 20 ml Pflanzenöl
- Pflanzenöl zum Frittieren
- etwa 12 bis 20 junge Brennnesselspitzen mit je 6–8 Blättern

Zur Sommersonnenwende wurden traditionell Brennnesselkrapfen gebacken. In Österreich gibt es diesen Brauch noch vereinzelt. An Johanni (24. Juni) gegessen, sollen sie vor Krankheiten schützen. In einer gusseisernen Pfanne auf dem Mittsommerfeuer frittiert, sind die Krapfen eine sehr leckere, rituelle Speise.

Das Mehl mit Bier oder Most, dem Salz sowie, falls verwendet, der abgekühlten zerlassenen Butter oder dem Pflanzenöl zu einem glatten Teig rühren. Nicht zu lange rühren, sonst wird der Teig beim Backen zu fest. 10 Minuten stehen lassen.

In einer Pfanne reichlich Öl zum Frittieren erhitzen. Die Brennnesselspitzen am Stängel fassen, in den Backteig tauchen und etwas abtropfen lassen. Wenn der Teig zu fest ist, noch etwas Bier oder Most dazugeben; wenn er zu flüssig ist, etwas Mehl einrühren. Die Brennnesselkrapfen bei mittlerer Temperatur im Öl von beiden Seiten goldbraun backen und auf einen Teller legen.

Tipp: In einer gusseisernen Pfanne kann man die Krapfen auch gut über einem Lagerfeuer frittieren. Möglichst frisch und warm essen.

Brennnesselknäckebrot

Für ein Blech

- 2 Handvoll Brennnesselblätter
- 7–8 EL Dinkelmehl
- Salz (evtl. Brennnesselsamensalz)
- Pflanzenöl für Blech und Hände

Die Brennnesseln in ein Geschirrtuch geben und mit einer Nudelrolle walzen, damit die Brennhaare brechen. Dann die Brennnesseln waschen und sehr klein hacken. Noch feucht mit dem Dinkelmehl und etwas Salz vermischen. Eventuell noch etwas Wasser hinzufügen. Es sollte ein klebriger Teig entstehen.

Auf einem geölten Backblech den Teig mit der eingeölten Hand verteilen und gut andrücken; die Teigschicht sollte möglichst flach sein. Dann mit einer ebenfalls eingeölten Glasflasche ausrollen, damit die Schicht gleichmäßig dünn wird. Bei etwa 120 Grad im Backofen etwa 60 Minuten backen; das Knäckebrot sollte nur leicht braun werden. Vom Blech lösen und in Stücke brechen. Schmeckt gut zu Wildkräuterpesto.

Tipp: Das Knäckebrot lässt sich mit anderen Wildkräutern oder Blüten kombinieren.

Brennnesselchips

- 2–3 Handvoll mittelgroße frische Brennnesselblätter, ungewaschen
- Kräuter- oder (Brennnesselsamen-)Salz, nach Wunsch Paprika, Curry, Pfeffer, Chili
- Olivenöl

Zubereitung im Backofen: Die Brennnesselblätter auf einem leicht eingeölten Backblech locker ausbreiten. Bei 200 Grad im Backofen 3 bis 4 Minuten backen, bis sie knusprig sind. Mit Salz und/oder Gewürzen bestreuen.

Zubereitung in der Pfanne: In einer Pfanne knapp 1 EL Olivenöl erhitzen. Die Brennnesselblätter darin locker ausbreiten, mit etwas Salz bestreuen und bei mittlerer Temperatur 1 bis 2 Minuten knusprig rösten.

Variante: Die Brennnesselblätter in eine Schüssel geben, etwas Olivenöl dazugeben und untermischen. Nach Geschmack mit Salz, Paprika, Curry, Pfeffer, Chili würzen, gut mischen und etwas einziehen lassen. Die Blätter dann in der Pfanne oder im Backofen kross rösten.

Brennnessel zum Frischhalten

Früher war es üblich, Butter, Fisch und Fleisch in Brennnesselblätter zu wickeln, um sie länger frisch zu halten. Legt man ein paar Blätter unter die Butter, bleibt diese länger frisch. Auf Obst legte man ganze Pflanzen, insbesondere bei sehr reifen Birnen wird der Fäulnisprozess dadurch spürbar aufgehalten.

Milch hält länger, wenn man ein paar Blätter hineingibt, und beim Bierbrauen gab man früher Blätter der Brennnessel auf den Brautopf, damit das Getränk bei Gewitter nicht sauer wurde. Auch Wasser schmeckt mit ein paar Brennnesselblättern darin frischer. Tatsächlich verhindern die Wirkstoffe der Brennnessel die Vermehrung bestimmter Bakterien.

Brennnessel als Lebensmittelfarbe

Aus den Blättern der Brennnessel kann man den grünen Farbstoff Chlorophyll gewinnen. Dazu nimmt man etwa 300 Gramm Brennnesselkraut und schneidet es in nicht zu grobe Stücke. Im Mixer mit etwas Wasser gut zerkleinern. Nach und nach mehr Wasser dazugeben und alles möglichst klein pürieren. Nun wird der Brei durch ein Mulltuch gefiltert und der Saft herausgepresst. Diesen Saft in einem Topf langsam erhitzen, er darf nicht kochen! Das Chlorophyll trennt sich nach etwa einer halben Stunde ab, bildet kleine Quaddeln und schwimmt im Wasser. Mit einem Sieb kann die schleimig-grüne Substanz herausgefischt werden. Auf dem ausgespülten Mulltuch etwas abtropfen lassen. Die Masse sollte man nun gleich zum Färben von Marzipan, Joghurt oder Pudding verwenden. Die grüne Farbe ist geschmacksneutral, nicht wasserlöslich und nicht hitzestabil, also nicht zum Kochen geeignet. Für Pudding mischt man die Masse erst mit Honig oder einer fett- oder ölhaltigen Zutat. Zur Aufbewahrung kann man den Farbstoff in Öl oder Honig auflösen und kühl und dunkel lagern. Oder aber man verrührt ihn mit Puderzucker, der dann vor Gebrauch wieder fein gemahlen werden muss. Reines Chlorophyll wird getrocknet sehr hart und kann dann nicht mehr aufgelöst werden.

Brennnessel in der Landwirtschaft

Brennnesseln stärken nicht nur Mensch und Tier, sondern auch die Pflanzen. Als biologischer Dünger und als Pflanzenschutz können sie auf verschiedene Arten helfen. Die Brennnesseljauche ist sehr effektiv, entwickelt jedoch einen starken Jauche-»Duft«. Ein Brennnesselsud als Teeaufguss hilft ebenso gut.

Brennnesseljauche: Bei einer Jauche werden Stickstoff und Spurenelemente aus der Brennnessel gelöst und umgewandelt. Dafür gibt man frische Brennnesseln in ein nicht metallisches Gefäß und füllt es mit Regenwasser. Täglich umrühren. Nach wenigen Tagen an einem warmen Ort beginnt es zu gären und zu riechen. Nach etwa zwei Wochen ist ein starker Dünger entstanden. Im Verhältnis 1 zu 10 mit Regenwasser vermischt, werden Pflanzen mit Nährstoffbedarf oder geschwächte Pflanzen, die von Blattläusen befallen sind, damit gegossen. Pure Jauche vertragen einige Pflanzen nicht.

Brennnesselsud: Einen Eimer mit Brennnesselkraut füllen und mit kochendem Wasser übergießen. Einen Tag stehen lassen und wie die Jauche verdünnt verwenden. Der Brennnesselsud stärkt die Pflanzen durch die darin gelöste Kieselsäure, die Zellwände werden gefestigt und widerstandsfähiger gegen beißende oder saugende Insekten. Blattläuse werden nicht getötet, sondern nur verdrängt,[80] weil die Pflanze Widerstandskraft entwickelt.

Mulchen: Mit zerkleinerten Brennnesseln kann man seinen Gartenboden mulchen. Das Kraut sollte dafür keine Samen haben. Der Boden trocknet dadurch nicht so schnell aus, und die Pflanzen bekommen stärkende Nahrung. Das Kraut zieht allerdings auch Schnecken an, das sollte man bei jungen Pflanzen bedenken. Besonders unter Tomaten wirkt die Brennnessel als Dünger und schützt vor Braunfäule. Die abgezogenen Holzreste von der Faseraufbereitung sind dafür ideal.

Anpflanzhilfe: Zum Beispiel für Tomatenpflanzen legt man einige Brennnesselblätter in das Pflanzloch, gibt noch etwas Erde darüber und setzt darauf die Pflanze.

Tiere: Die Brennnessel wirkt bei Tieren ähnlich stärkend wie beim Menschen. Das Fell der Pferde wird glänzend, wenn sie Samen unter das Futter gemischt bekommen. Brennnesselsamen wurden den Tieren früher oft vor einem Verkauf gegeben, damit Fell und Mähne vitaler und glänzender aussahen. Hühner legen mehr Eier, und das Eigelb wird farbintensiver. Schafe, Ziegen und Kühe geben mehr Milch, wenn sie Samen oder Kraut fressen. Damit die Tiere das Kraut fressen, muss es angetrocknet sein, sodass die Brennhaare nicht mehr stechen. MAURICE MESSÉGUÉ hat sogar das Rheuma seiner Hunde mit Brennnessel behandelt.

Pferde fressen offenbar auch frische Brennnesseln, wenn sie auf den Geschmack gekommen sind.

HERBST

Wenn die Brennnesseln im Herbst geschnitten werden, findet man alle Wachstumsstadien. Bis in den Dezember hinein kann es also noch junge Pflanzen geben. Sie schmecken anders als im Frühjahr, sind etwas zäher, haben aber wieder einen leicht süßlichen Geschmack. Auch blühende Pflanzen und Brennnesseln mit ausgereiften Samen findet man bis in den November hinein. Nachtfröste machen der Pflanze kaum etwas aus. Brennnesseln, die nicht geschnitten wurden und an halbschattigen feuchten Orten mit humusreichem Boden wachsen, haben eine stattliche Höhe von bis zu drei Metern erreicht. Wenn die weiblichen Pflanzen Samen tragen, knicken sie oft ab. Die Pflanzen verzweigen sich immer mehr.

Im späten Herbst zieht sich das Chlorophyll, der Zucker und die Stärke aus der Pflanze in die Wurzeln zurück. Sie speichert nun weniger Wasser in den Zellen. Der hohle Stängel ist bei Feuchtigkeit manchmal noch mit Wasser gefüllt. Die Blätter werden immer grauer und fallen ab, bis nur noch die Stängel stehen bleiben. Sie sind durch ihren hohen Holz- und Faseranteil sehr robust.

Blätter-, Samen- und Stängelernte im Herbst.

Brennnesselernte im Herbst

Im frühen Herbst ist es oft noch sehr warm. Erst wenn es kälter wird, die Nächte kürzer und frostiger werden, bekomme ich wieder Appetit auf die Blätter der Brennnessel. Das grüne Feuer der Pflanze tut dann gut. In dieser Zeit ernte ich vor allem noch mehr Samen und trockne sie. Ich fange an, die Stängel für Kordeln zu ernten. Mit einer Gartenschere schneidet man die Stängel in etwa zehn Zentimeter Höhe ab, um die Wurzel nicht zu beschädigen. Blätter ernte ich für verschiedene Speisen und Getränke. Dafür nehme ich nur die oberen vier bis sechs Blätter. Zum Trocknen sind die Blätter jetzt weniger geeignet, zumal es draußen sehr feucht ist.

Die wärmende, das Immunsystem stärkende und stimmungsaufhellende Wirkung schätze ich besonders im trüben November. Bei meinen Seminaren zur Faseraufbereitung sammeln wir viele Stängel und auch Blätter junger Pflanzen. Auch wenn wir mit Handschuhen ernten, bleibt es beim Weiterverarbeiten nicht aus, dass man ein paar Stiche abbekommt. Am Ende des Kurses bekomme ich oft die Rückmeldung, dass das Kribbeln in den Fingern oder an den Armen mit der Zeit als angenehm empfunden wird. Auch ich schätze das leichte Kribbeln, es heißt, dass dadurch die Hände sensibler werden. Die durchblutungsfördernde Wirkung ist auf jeden Fall direkt spürbar. Auch die entspannte, fröhliche Stimmung bei den Seminaren könnte durch das Serotonin gefördert werden.

Im späten Herbst grabe ich nach den Wurzeln. Sie liegen flach unter der Erde. Feine Wurzeln gehen bis tief in die Erde. Lieber sind mir die Wurzeln allerding im späteren Winter oder im frühen Frühjahr, wenn die Pflanze sich nach längerem Frost wirklich ganz zurückgezogen hat.

Pflanzenbegegnung im Herbst

Jetzt kann man noch einmal richtig in den Brennnesseln schwelgen. Viele junge und kräftig grüne Brennnesseln wachsen im Wald, an Hecken, am Fluss und auf Wiesen. Große und mit

Brennnesseln wachsen immer wieder nach.

Samen behangene Exemplare ragen in die Wege hinein und bieten sich geradezu zur Ernte an. Nachwachsende Brennnesselpflanzen bedecken in einem satten Grün ganze Flächen. Manche ältere Pflanzen haben schon ihre Blätter verloren.

Eine Behandlung mit frischen Brennnesseln, die es im Herbst immer noch reichlich gibt, mag vielen älteren Menschen noch durch ihre Eltern oder Großeltern in Erinnerung sein; es ist die sogenannte Urtifikation. Das bewusste Schlagen mit Brennnesselkraut war lange Zeit eine übliche und bekannte Anwendung, um rheumatische Beschwerden, Arthrose, Gicht und Ischiasschmerzen zu behandeln. Auch bei Taubheitsgefühl, Lähmungen, Schlafsucht und Erektionsstörungen war sie angezeigt.[81]

Im Herbst habe ich einmal mit einer ganzen Brennnesselpflanze mit Wurzel gebadet. Ein pflanzenkundiger Freund hatte mir empfohlen, es auszuprobieren. Später las ich, dass Heiler in Mexiko Reinigungsbäder mit Brennnessel empfehlen. Die Wirkung ist enorm und sicher nicht für jeden geeignet. Die Pflanze stach, sobald ich sie irgendwie berührte. Im warmen Badewasser schien es mir so, als wären die Wirkstoffe der

Die grünen Samen sind wesentlich schmackhafter als die späteren braunen.

Brennhaare überall im Wasser und würden durch die Haut eindringen. Es brannte, war aber gleichzeitig ein wohliges Gefühl, sehr aktivierend und euphorisierend. Als Nächstes möchte ich ausprobieren, wie sich die Brennnessel in der Sauna oder in der Schwitzhütte anfühlt und wie sie dort wirkt. Es gibt sogar Brennnessel-Birken-Reisig für die Sauna zu kaufen, das sehr entspannend auf die Muskulatur wirken soll.

Grüne Blätter gibt es im Herbst noch so viele, dass man sie jetzt gut zum Färben verwenden kann. Das Färbeverhalten der Blätter ist stark von der Jahreszeit und dem Standort abhängig.

Industriell wird sie kaum zum Färben verwendet, da das Ergebnis zu schwankend ist. Wie bei den Fasern entzieht sie sich damit erfolgreich einer industriellen Nutzung.

Die Stängel der Brennnessel färben sich im Herbst oft rot. Wenn die anderen umstehenden Pflanzen ihre Blätter abgeworfen haben, wird sie intensiver von der Sonne bestrahlt. Dann entwickelt sie diesen Farbstoff, um sich vor zu starker Sonneneinstrahlung zu schützen. Es überdeckt das Grün des Chlorophylls. Einen Unterschied in der Verarbeitung von roten oder grünen Fasersträngen konnte ich nicht feststellen.

REZEPTE

Brennnesselsamensalz

- 4 EL getrocknete Brennnesselsamen
- 50 g (grobes) Steinsalz

Die Brennnesselsamen mit Steinsalz im Mörser zerstoßen, bis das Salz ganz fein ist. Am besten eignet sich ein Granitmörser. Es schmeckt im Salat, auf Gemüse oder einfach auf Butterbrot gestreut.

Brennnesselsamen zur Stärkung

Wer täglich zwei bis drei Esslöffel zerstoßene Brennnesselsamen isst, stärkt seine Abwehrkräfte. Sie sind eine gute Nahrungsergänzung im Herbst und Winter. Getrocknet kann man sie in Gläsern aufbewahren und dann entweder gut zerkaut essen oder mörsern. Sie schmecken auf Brot gestreut, in Müsli, in Suppen und auf Gemüse.

Brennnessel-Kürbis-Eintopf

Das Gemüse und die Brennnesseln klein schneiden. Die Kürbiskerne trocken anrösten und beiseite stellen. Die Zwiebeln im heißen Öl andünsten, dann Kartoffeln, Kürbis, Karotten und Petersilienwurzel mitdünsten. Mit der Gemüsebrühe aufgießen und kochen lassen, bis der Kürbis und die Kartoffeln weich sind. Jetzt die klein geschnittenen Brennnesseln hinzugeben und 5 Minuten mitkochen. Wer möchte, kann dann die Kokosmilch hinzufügen und alles nochmals kurz aufkochen lassen. Mit den Gewürzen und dem Zitronen- oder Limettensaft abschmecken.

Den Eintopf auf Tellern anrichten, mit den Kürbiskernen bestreuen und nach Wunsch ein paar Spritzer Kürbiskernöl darüber träufeln.

Für 4 Personen

- 500 g Kartoffeln
- 200 g Kürbis
- 2 Karotten
- 1 Petersilienwurzel
- 2 Zwiebeln
- 100–150 g Brennnesselblätter (junge Triebe)
- 3 EL Sonnenblumenöl
- 600 ml Gemüsebrühe
- nach Wunsch 400 ml Kokosmilch
- Currypulver, Muskat, Salz
- etwas Zitronen- oder Limettensaft
- 50 g Kürbiskerne
- nach Wunsch Kürbiskernöl

Brennnesselkuchen

Für den Hefeteig

- 250 g Dinkelmehl
- ½ Würfel Hefe
- 50 ml lauwarme (Hafer-)Milch
- 1 EL Honig oder Melasse
- 50 g zerlassene Butter oder 50 ml Pflanzenöl
- 1 TL Salz

Für die Füllung

- etwa 100 g frische Brennnesseln oder 50 g getrocknete
- 150 g getrocknete, in Öl eingelegte Tomaten
- 1 Knoblauchzehe oder 10 bis 20 Bärlauchblätter
- 150 g Feta-Käse
- 60 g Sonnenblumenkerne
- Pfeffer aus der Mühle
- 1 EL Zitronensaft
- Sonnenblumenöl für die Form

Für den Teig das Dinkelmehl in eine Schüssel geben, in die Mitte eine Mulde drücken. Die Hefe mit der lauwarmen Milch und Melasse oder Honig verrühren, in die Mulde gießen und mit ein wenig Mehl verrühren. Abgedeckt an einem warmen Ort etwa ½ Stunde gehen lassen, bis die Hefemischung Blasen wirft. Nun die lauwarme zerlassene Butter und Salz dazugeben. Zu einem geschmeidigen Teig kneten und diesen etwa eine Stunde an einem warmen Ort gehen lassen.

Für die Füllung die Brennnesseln grob schneiden. Die getrockneten Tomaten abtropfen lassen und fein hacken; den Knoblauch sehr fein schneiden; den Feta mit einer Gabel zerkleinern; die Kerne in einer trockenen Pfanne hellbraun rösten. Dann alles mischen, mit Pfeffer und Zitronensaft würzen.

Eine mittelgroße Springform (Ø 26 cm) mit Sonnenblumenöl einfetten. Den Hefeteig auf einer bemehlten Arbeitsfläche zu einem Rechteck von etwa 50 x 35 cm ausrollen. Die Füllung auf dem Teig verteilen und den Teig von der Längsseite her einrollen. Die Rolle in 7 Stücke von jeweils ca. 7 cm Länge schneiden und diese auf die Schnittflächen in Form eines Rosenkuchens in die Springform legen (eines in die Mitte und die anderen 6 drum herum). Nochmals etwa 30 Minuten gehen lassen, dann im Backofen bei 160–180 Grad etwa 50 Minuten backen, bis die Oberfläche leicht gebräunt ist. Den Kuchen aus der Form lösen. Schmeckt warm und auch kalt.

Brennnessel-Curry

Die Kichererbsen über Nacht in Wasser einweichen. Das Wasser abgießen und die Kichererbsen in frischem Wasser weich kochen. Die Brennnesselblätter grob hacken. Zwiebeln, Karotten, Ingwer und Chili klein schneiden und im heißen Öl etwa 4 Minuten zusammen mit dem Curry andünsten. Die Gemüsebrühe angießen und aufkochen lassen. Dann die Kokosmilch und die gegarten Kichererbsen zugeben und einige Minuten weiter kochen. Zum Schluss die klein geschnittenen Brennnesseln hinzufügen und noch eine Minute ziehen lassen. Mit Salz, eventuell nochmals Currypulver oder Kurkuma sowie Limettensaft abschmecken.

Das Curry mit Reis oder Brot servieren.

Für 2 Personen

- 200 g getrocknete Kichererbsen
- 200 g frische junge Brennnesselblätter
- 2 Zwiebeln
- 1–2 Karotten
- 30 g Ingwer, geschält
- 1 Chilischote
- 2 EL Pflanzenöl
- 2 TL Currypulver
- 200 ml Gemüsebrühe
- 400 ml Kokosmilch
- Salz, evtl. Kurkuma
- 1 Limette, Saft

Urtifikation

Eine Behandlung kann folgendermaßen durchgeführt werden: Man streicht oder schlägt sich die frischen Brennnesseln auf die schmerzenden Stellen. Empfindliche Menschen sollten das mit sehr viel Vorsicht ausprobieren. Manche empfinden den Schmerz auch nach Stunden noch als unangenehm. Normalerweise aber klingt der Schmerz sehr schnell ab, und es entsteht ein wohlig-warmes Kribbeln (mit kühlenden Blättern des Wegerichs oder des Krausen Ampfers kann man das Brennen mindern). Dies sollte man einmal täglich an drei aufeinanderfolgenden Tagen wiederholen. Vermeiden Sie in dieser Zeit, die behandelten Stellen zu waschen, da die wohltuende Wärme dann wieder in ein Brennen umschlagen kann. Nach drei Tagen kann man die Anwendung wiederholen.[82]

Auf meinen Kräuterwanderungen berichten mir Teilnehmerinnen ab und zu von ihren positiven Erfahrungen mit leichten Urtifikationen. Eine von ihnen streicht sich mit einer Brennnesselpflanze über die Wirbelsäule, wenn sie Schmerzen oder Verspannungen spürt. Eine andere konnte ihre Schmerzen im Knie durch Berührungen mit Brennnesseln lindern. Außerdem wird empfohlen, arthrothische Finger mit stechenden Brennnesseln zu berühren, auch Taubheitsgefühle können durch die Brennflüssigkeit, die in die Haut eindringt, gemindert werden. Aufkommenden Herpes habe ich mit Brennnessel behandelt und immer wieder mit einem stechenden Blatt berührt; das unangenehme Kribbeln des Herpes wurde vom angenehmen Kribbeln der Brennnessel abgelöst, und der Herpes konnte sich nicht durchsetzen. Über meinen manchmal verspannten Nacken streiche ich Brennnessel, worauf sich ein wärmendes, entspannendes Gefühl ausbreitet.

Urtifikationen können auch vorbeugend als Stimulation für den Körper angewendet werden. Eine Teilnehmerin erzählte, dass ihre Eltern sich gegenseitig mit der Brennnessel abgeschlagen haben, um ihre Durchblutung in Schwung zu bringen. Es gibt auch Menschen, die sich ausgekleidet in die Brennnesseln legen. Svenja Zuther beschreibt den Drang, sich in Brennnesseln zu legen, um die Lebendigkeit in sich zu spüren, einen rituellen Tod zu sterben und zu neuem Leben zu erwachen.[83] Ihr rheumatischer Großonkel habe sich regelmäßig in ein Bett mit frischen Brennnesseln gelegt.[84] Maurice Mességué überliefert weitere Anwendungen bei Menschen und Tieren zur Steigerung der Sexualität und sogar für Kranke, um Fieber auszulösen.[85] Walahfrid Strabo (Mönch, Dichter und Botaniker, gestorben 849) meinte: »Wenn ein Vierfüßler es nicht zur Zeugung kommen lässt, rät man, das Geschlechtsteil mit einer Nessel einzureiben.«

maf 2020

WINTER

Im Winter ziehen sich die meisten Pflanzen in ihre Wurzeln zurück. So auch die Brennnessel. Die verholzenden Pflanzen verwelken und vertrocknen. Manchmal hängen noch vertrocknete Blätter oder Rispen mit Samen an den Stängeln. Die Samen sind in dieser Zeit sehr wichtig für die Vögel und andere Tiere. Oft werden Gärten und Wegränder, Uferböschungen, Hecken und Feldränder im späten Herbst und Winter geschnitten. Das ist sehr schade, da es vielen Tieren den nötigen Schutz im Winter nimmt. Außerdem sehen die Stängel und Pflanzenreste im Frost und Schnee wunderschön aus. Da sie sowieso nicht mehr weiterwachsen, könnte man gut bis zum Frühjahr warten, bevor sie neuem Bewuchs Platz machen.

Brennnesselernte im Winter

Die Brennnessel kann man auch im Winter noch finden und verwenden. Selbst bei leichtem Bodenfrost bleiben ihre Blätter grün. Sobald es etwas wärmer ist, wachsen neue Triebe aus den Wurzeln. Nur bei wirklich langem und hartem Frost zieht sie sich ganz in ihre Wurzeln zurück. Gerade in der kalten Jahreszeit ist ein Brennnesselsalat sehr schmackhaft und stärkend. Ab Dezember werden die Blätter vom zunehmenden Frost dunkel und sterben ab. Auch die Brennhaare verlieren immer mehr an Intensität.

Nun beginnt für mich die beste Zeit, um Stängel für die Fasergewinnung zu sammeln. Bis in den Februar hinein findet man gute Faserstängel. Das ist regional aber sehr unterschiedlich. Wenn der Winter sehr mild und feucht ist, können sie schon im Dezember zu sehr verrotten. Wenn sie im Gras stehen, umso eher. An trockenen, sonnigen Hängen kann es länger intakte Fasern geben. Ich knicke im Vorbeigehen immer wieder Stängel um und merke schnell, wie die Fasern beschaffen sind. Bricht der Stängel ganz, sind die Fasern nicht mehr brauchbar. Der untere Teil ist oft sehr holzig und enthält wenige Fasern. Bevor ich meine Bündel sammle, teste ich die Fasern mehrerer Stängel,

Im Winter bereite ich die Fasern der Brennnessel auf.

um zu sehen, ob es sich lohnt, an diesem Ort zu sammeln. Dann schneide ich die Stängel mit einer Gartenschere oder einem Messer etwa zehn Zentimeter über dem Boden ab. Die Wurzeln der Pflanze bleiben so intakt. Seitentriebe zwicke ich auch ab. Etwa zwanzig Stängel binde ich zu einem Bündel zusammen und lasse sie zunächst in der Wärme der Wohnung trocknen. Sie können anschließend beispielsweise auf dem Dachboden oder in einem trockenen Kellerraum über Jahre gelagert werden. Die Stängel enthalten dann kaum noch verklebende Bestandteile, sodass die Fasern gut vom Holz gelöst werden können.

Brennnesselwurzeln sammle ich erst, wenn es längere Frostphasen gegeben hat, damit die ganze Kraft der Pflanze in der Wurzel steckt. Erst nach dem zweiten oder dritten Wachstumsjahr sind die Wurzeln groß genug und in tieferen Grund vorgedrungen. Man gräbt sie aus, wäscht sie und teilt sie zum Trocknen in etwa 10 cm große Stücke.

Fast den ganzen Winter über kann ich frische Brennnesseln finden.

Pflanzenbegegnung im Winter

Morgens, wenn der Raureif auf den Brennnesselblättern liegt, kommt die feine Struktur der Blätter gut zum Vorschein. Stängel, die ohne Blätter dastehen, sind sehr unscheinbar. Man muss die Brennnessel gut kennen, um sie zu finden und den Wert dieser grauen Reste wertschätzen zu können. In der dunklen Jahreszeit genieße ich die meditative Tätigkeit, die Stängel abzuziehen und weiterzuverarbeiten. Dabei verräuchere ich gerne einen Kräuterbuschen, in den ich Brennnesseln mit eingebunden habe. Die unverarbeiteten, abgezogenen Brennnesselfasern eignen sich sehr gut dazu, Kräuterbuschen zusammenzubinden.

Räucherungen mit Brennnessel werden in vielen Kulturen angewendet, um Unheil abzuwenden, sich zu stärken, zur Klärung bei seelischen Problemen und auch um die Liebe zu fördern. Der Duft des verräucherten Brennnesselkrauts ist angenehm würzig. Zum Räuchern eignen sich die Blätter, die weiblichen Blüten und die Wurzeln. Brennnesselblätter und

-blüten in Pfeifen und Zigaretten zu rauchen, war bis vor einigen Jahrzehnten üblich. Die Wirkung wird als entspannend und stimmungsaufhellend beschrieben.[86] Ich war sehr überrascht, als mir einmal eine Cannabisblüte zum Schnuppern unter die Nase gehalten wurde und ich eine starke Ähnlichkeit mit dem Duft der Brennnessel wahrnahm. Bestätigt wurde mir die Ähnlichkeit auch bei einem Adventsmarkt, als ich Räucherbuschen mit Brennnessel und Beifuß anzündete und mehrere Besucher sich wunderten, dass es nach »Gras« duftete.

Wurzeln der Brennnessel kommen im späten Winter, im Februar oder März, nach den ersten Überschwemmungen auch an den Flussufern zum Vorschein. Um sie zu erkennen, braucht es etwas Erfahrung. Die Wurzeln lassen sich bei sandigem Boden leicht herausziehen. Selbst die ganz feinen Wurzeln bekommt man so zu Gesicht. Sie sind sehr zäh und stabil; gewaschen sehen sie leicht gelblich aus. Durch ihre Feinheit wirken sie fast faserähnlich, und man kann schöne Kränze daraus winden. Um die Kraft der Brennnessel herauszulösen, stellt man daraus eine Tinktur oder Essigwasser her, die uns Stärke und Widerstandskraft schenken.

Der Winter ist auch die Zeit der Märchen und Geschichten. Es gibt zahlreiche Märchen, in denen die Brennnessel vorkommt und in denen sie eine wichtige Rolle spielt. Niemals ist sie dem Bösen zugeordnet, immer ist sie eine Helferin in der Not. Sie ist in der Lage, bösen Zauber zu lösen, Lügen aufzudecken, sie gibt Kraft und Mut und unterstützt liebende Paare, zueinander zu finden. Als es noch keine Schulpflicht gab und vor allem auf dem Land nicht viele Menschen lesen konnten, wurden im Winter abends bei den Handarbeiten Geschichten erzählt. Sicher wurde auch über den Sinn der Geschichten nachgedacht und gesprochen. Die eintönige, rhythmische Arbeit hatte meditativen Charakter, wenn sie nicht erzwungen wurde. Es wurden Neuigkeiten ausgetauscht und auch Persönliches besprochen. Vielleicht kam dann bisher Unausgesprochenes, Bedrückendes zur Sprache. Räucherungen können das sicher positiv beeinflusst haben, sodass es der Seele gut tat.

Vom Fluss ausgeschwemmte Wurzeln der Brennnessel zeigen, wie fein die Haarwurzeln sind.

REZEPTE

Brennnesselsalat

Für 2 Personen
- 2 Handvoll junge Brennnesselblätter oder -triebe
- 1–2 Zwiebeln
- 2 EL Sonnenblumen- oder Walnussöl
- 2 EL Obstessig (z. B. Birnenbalsam)
- Salz, Pfeffer aus der Mühle

Die Brennnesseln mit einem Nudelholz abrollen, sodass die Brennhaare gebrochen werden. Die Zwiebel klein hacken. Zusammen mit der Brennnessel in eine Schüssel geben. Öl, Essig, Salz und Pfeffer verrühren, über die Brennnesseln geben und alles gut mischen.

Den Salat möglichst bald essen, da die Brennnesselblätter schnell oxidieren und sich geschmacklich verändern.

Variante: Einen Teil Feldsalat unter die Brennnesseln mischen.

Brennnessel-Energiepulver

Getrocknete, gemahlene Blätter lassen sich unter viele Speisen mischen und sind besonders im Winter eine gute Mineralien-, Vitamin- und Eiweißquelle.

Neujahrs-Brennnesselkuchen

Wenn am Silvestertag kein Schnee liegt, kann man hinausgehen und nach Brennnesseltrieben suchen. Daraus lässt sich ein Brennnesselkuchen backen. Denn: Isst man Brennnesselkuchen zu Neujahr, wird man das ganze Jahr vor Not bewahrt.[87]

Für das Pesto die Sonnenblumenkerne in einer trockenen Pfanne anrösten und fein hacken. Die Brennnesselblätter klein schneiden und mit Öl in einer Pfanne kurz anbraten. Mit Salz und Pfeffer würzen. Die Zwiebel klein schneiden und in Öl andünsten. Alles zusammenmischen und mit dem restlichen Öl auffüllen.

Für den Teig das Mehl in eine Schüssel geben, in die Mitte eine Mulde drücken. Die Hefe mit der Milch, der Melasse oder dem Honig verrühren, in die Mulde gießen und mit ein wenig Mehl verrühren. Abgedeckt an einem warmen Ort etwa ½ Stunde gehen lassen, bis der Vorteig Blasen gebildet hat. Nun die lauwarme zerlassene Butter oder das Öl und Salz dazugeben. Mit dem restlichen Mehl zu einem geschmeidigen Teig kneten und diesen etwa ½ bis 1 Stunde an einem warmen Ort gehen lassen. Nun nochmals gut durchkneten. Zu einem etwa 25 x 35 cm großen Oval ausrollen und das Pesto darauf verteilen. Dann von der Schmalseite her locker aufrollen und mit der Naht nach unten auf ein geöltes Backblech legen. Nochmals rund 20 Minuten aufgehen lassen und dann im Backofen bei 190 Grad 20 bis 30 Minuten backen.

Für das Pesto

- 2 EL Sonnenblumenkerne
- 2–3 Handvoll frische Brennnesseln
- ca. 100 ml Olivenöl
- 1 TL Salz
- Pfeffer aus der Mühle
- 1 Zwiebel

Für den Hefeteig

- 250 g Dinkelmehl
- ½ Würfel Hefe
- 50 ml lauwarme (Hafer-)Milch
- 1 EL Melasse (Rübensirup)
- 1 TL Salz
- 50 g zerlassene Butter oder 50 ml Sonnenblumen- bzw. Olivenöl

Brennnesselwurzeltinktur

- 50 g Brennnesselwurzeln
- 500 ml Obst- oder Weinbrand

Die Brennnesselwurzeln können vom späten Herbst bis ins Frühjahr ausgegraben werden. Unter fließendem Wasser Erde und Sand abbürsten. Die Wurzeln in kleine Stücke schneiden und ein Schraubglas zu zwei Drittel damit füllen. Dann mit Obst- oder Weinbrand aufgießen und mindestens 4 Wochen ziehen lassen. Dann die Tinktur durch ein feines Sieb oder Mulltuch abgießen und in ein dunkles Glas füllen.

In der Volksheilkunde wird die Tinktur zur Stärkung der Abwehrkräfte eingenommen, es lindert Reizblasen- und Prostatabeschwerden. Dazu nimmt man 10 Tropfen 3-mal täglich direkt oder verdünnt in Wasser ein.

In die Kopfhaut einmassiert, soll es den Haarwuchs stärken. Bei Rheuma auf die schmerzenden Stellen gerieben, fördert es die Durchblutung.

Brennnesselwurzeltee

Brennnesselwurzeln wie bei der Tinktur säubern und in etwa 1 cm kleine Stücke schneiden. Direkt verwenden oder zum Aufbewahren schonend in der Nähe einer Heizung luftig trocknen. Für den Tee 2 TL Wurzelstücke mit 200 ml kochendem Wasser übergießen, 10–15 Minuten ziehen lassen, dann abgießen.

Bei Prostata- oder Reizblasenbeschwerden 3 bis 4 Tassen täglich trinken.[88]

Wurzel-Essig-Haarwasser

50 g Brennnesselwurzeln gründlich waschen, klein schneiden und ein Schraubglas zu zwei Drittel damit füllen. Mit 500 ml Bio-Apfelessig aufgießen, das Glas verschließen und 4 Wochen stehen lassen. Die Flüssigkeit durch ein feines Sieb oder Mulltuch abgießen und in ein dunkles Glas füllen.

Dieses Haarwasser fördert den Haarwuchs, wirkt gegen juckende Kopfhaut und Schuppen und macht die Haare weicher. Dazu regelmäßig ein wenig davon pur oder verdünnt in die Kopfhaut massieren.

Brennnesselsalbe

- etwa 40 g getrocknetes oder 80 g frisches Brennnesselkraut
- ¼ l Hanf- oder Olivenöl
- 30 g Bienenwachs oder 20 g Wollfett (Lanolin) und 15 g Bienenwachs

Das zerkleinerte Brennnesselkraut in ein Glas geben und mit dem Öl übergießen. In einen Topf mit Wasser stellen und auf 60 bis 70 Grad erwärmen. Bei dieser Temperatur mindestens 2 Stunden die Wirkstoffe ausziehen lassen. Dann das Öl durch ein Mulltuch abseihen. Das zerkleinerte Bienenwachs (oder Bienenwachs und Wollfett) dazugeben und wieder im Wasserbad auf 70 Grad erwärmen. Dabei im Uhrzeigersinn rühren, bis sich alles aufgelöst hat. Schnell in saubere Salbengläschen füllen und bei geöffnetem Deckel abkühlen lassen. Erst dann verschließen.

Die Salbe ist, kühl und dunkel gelagert, etwa ein Jahr haltbar. Sie hilft bei Ekzemen, Akne und anderen Hautproblemen wie Insektenstichen, Verbrennungen, Nesselfieber, Pilzbefall. Sie ist reich an Kieselsäure, Chlorophyll und Flavonoiden. Beim Auftragen auf empfindliche Haut kann die Haut etwas kribbeln, was aber schnell vergeht.

- Brennnesselkraut
- Beifuß oder Salbei oder andere ölhaltige Kräuter
- Brennnesselschnur

Räucherbuschen

Räucherbuschen bindet man im Herbst aus frischen oder leicht angetrockneten Kräutern. Sind sie zu trocken, zerbröseln sie beim Binden. Im späten Herbst und Winter werden sie hauptsächlich verräuchert. Damit die Brennnesseln gut verglimmen, muss man Zweige ölhaltiger Kräuter wie Beifuß, Salbei, Königskerze oder Alant dazunehmen. Man kann dann noch andere Kräuter einbinden, beispielsweise Schafgarbe als intuitionsförderndes Kraut passt gut zur Brennnessel.

Nehmen Sie die größten Blätter als Grundlage und legen Sie die anderen Kräuter so darauf, dass die Stängel unten zusammenliegen. Ich verwende zum Binden getrockneten Brennnesselbast, den ich im Herbst von den Brennnesseln abziehe. Sie können aber auch einen anderen pflanzlichen Faden verwenden. Nun wird der Buschen von den Stielen her zusammengebunden. Man hält die Kräuter mit der Hand zusammen und wickelt die Bänder kreuzweise darum. Dabei immer wieder einen Knoten machen, damit der Buschen besser zusammenhält. An der Spitze die Kräuter etwas umknicken, damit er kompakter ist. Der Buschen muss nun einige Wochen durchtrocknen, am besten auf einem warmen Dachboden.

Zum Verräuchern glimmt man den Buschen an der Spitze an und hält ihn über eine feuerfeste Schale. Es entsteht ein würziger Duft, der eine entspannte Atmosphäre schafft. Der Buschen erlischt schnell. Wenn der Duft vergeht, glimmt man ihn an einer Kerze wieder an. So werden Duft und Rauch nicht zu intensiv. Das Räuchern mit Brennnessel soll störende Geister vertreiben.[89]

Brennnesseltee

Zum Räuchern passt Teetrinken. Brennnessel schmeckt in Teemischungen und auch pur sehr gut. Drei bis fünf frische oder 2 TL getrocknete Brennnesselblätter in einer Tasse mit 200 ml kochendem Wasser übergießen. Etwa 5 bis 10 Minuten ziehen lassen, dann die Blätter herausnehmen oder abseihen. Als Kur sollte dieser Tee drei- bis viermal täglich getrunken werden, etwa drei bis vier Wochen lang. Stark verdünnt kann man ihn fast das ganze Jahr über trinken. Im Sommer mache ich lieber eine Pause, da der Tee sehr entwässernd wirkt.

DIE BRENNNESSEL ALS TEXTILPFLANZE

In Höhlen und Fürstengräbern

Heute weiß kaum noch jemand, dass die Brennnessel eine Faserpflanze ist. Das Brennen, also der stechende Schmerz, den die Pflanze bei Berührung verursacht, ist das vorrangige Merkmal geworden. Dabei gibt der Ursprung des Wortes »Nessel« eigentlich einen deutlichen Hinweis auf die Nutzung als Faserpflanze. Im Indogermanischen bedeuteten die Wörter *ned*, *né* oder *nen* »knüpfen, binden, nähen oder drehen«. Der lateinische Begriff *nere* steht für »spinnen« und *nectere* für »knüpfen, binden, weben«. Im Englischen heißt die Brennnessel noch heute *nettle*, auf Schwedisch *nätla*.[90]

Der älteste Fund von verarbeiteten Fasern geht auf die Zeit zwischen 4000 bis 3500 v. u. Z. zurück. Schnüre aus Brennnesselfaser, um Pfeilspitzen zu befestigen, wurden zum Beispiel 1970 in Somerset (England) gefunden. Auch der im Eis der Ötztaler Alpen gefundene Mann (»Ötzi«), der vor etwa 5300 Jahren gelebt hat, hatte Nesselfäden in seiner Ausrüstung. Verarbeitet hatte er sie an Pfeilen, jedoch fixierte er damit die Federn am Schaft. Eine Tonscherbe aus Dänemark mit textilen Ornamenten wurde auf die Zeit zwischen 3000 bis 2900 v. u. Z. datiert. Die Faser ist leider nicht mehr erhalten. Bisher wurde vermutet, dass es sich dabei um Flachs handelte, was jedoch unwahrscheinlich ist, da dort erst um 400 v. u. Z. der Flachsanbau eingeführt wurde. Besonders aufschlussreich war ein Fund in dem etwa 2800 Jahre alten Hügelgrab eines Fürsten auf der dänischen Insel Fünen. Eine Urne enthielt einen feinen Nesselstoff (16 Fäden pro cm), der aus dem weit entfernten Kärnten stammte. Bis zur genauen Überprüfung ging man davon aus, das es Flachs sei.[91] In England gab es noch weitere Funde: Aus der Zeit von 1730 bis 1600 v. u. Z. stammt ein fein gewebter Stoffstreifen in der Grabkammer einer Frau in Dartmoore, und eine Kordel aus Brennnesselfaser von 1100 bis 900 v. u. Z. wurde in Norfolk gefunden.[92] Über Umhänge der einheimischen Bevölkerung berichtete ein Reisender in Turin noch im Jahr 1729.[93] Bisher sind die Nachweise jedoch rar. Man vermutet aber, dass in Zukunft einige

Etwa 2800 Jahre alte Brennnesselfaser aus einem Hügelgrab auf der dänischen Insel Fünen.

archäologische Funde, die als Flachs angesehen wurden, bei einer genauen Überprüfung als Nesselstoff identifiziert werden dürften.[94]

Büßerhemd und Königswäsche

Marktwirtschaftlich hatte die Faser offenbar keine große Bedeutung, es gibt kaum schriftliche Nachweise über deren Handel. Die Brennnesselfaser brachte im Gegensatz zu importierter Ware wenig Gewinn für die Händler, so wurden Anbau und Verarbeitung nicht gefördert. Im Mittelalter wurde in den Klöstern versucht, die Brennnessel zu kultivieren, um sie ähnlich wie Flachs verwenden zu können, was aber offenbar nicht gut gelang.[95]

Grob gewebter Brennnesselstoff aus Nepal.

Albertus Magnus (1200–1280) schreibt über Nesselstoff, dass er Jucken hervorrufe, und nennt ihn »Pannus« (von lat. *pannus* = Lappen, Lumpen), was ein Begriff für ärmliche Kleidung war. Vermutlich beschrieb er einen grob verarbeiteten Brennnesselstoff, wie er in Heimarbeit sicherlich noch lange für den Eigenbedarf hergestellt wurde. Heimische Nesselfasern wurden nämlich bis ins 18. Jahrhundert meist für grobe Gewebe wie Kornsäcke verwendet oder auch für die Käseherstellung als Filtertuch gebraucht.[96]

Eine solche Beschaffenheit muss man sich auch für das sogenannte Büßerhemd, ein Unterkleid aus Nesselfaser, vorstellen, in dem 1431 Jeanne d'Arc zum Scheiterhaufen geführt wurde. Ein Büßerhemd galt als Zeichen des Ausstoßes aus der Gemeinschaft der Gläubigen und des Verlustes aller bürgerlichen Rechte.[97]

Feiner Brennnesselstoff war Königen und Fürsten vorbehalten und wurde als Faser mit hohem Tragekomfort für Unterkleider oder Bettwäsche geschätzt. Im 18. Jahrhundert gab es in Leipzig eine Manufaktur, die Nesselstoff produzierte. Sie fertigte Bettwäsche und andere feine Tücher.[98] Später wurde der Begriff »Nesselstoff« auch für einfache Baumwollstoffe und importierte

Ramiestoffe verwendet. Ramie (*Boehmeria nivea*, auch Chinagras genannt) gehört ebenfalls zur Brennnesselfamilie (*Urticaceae*). Diese Stoffe waren aber nicht sehr haltbar und eher ein exotischer Luxusartikel. Die feinen, transparenten Gewänder überstanden mitunter nur ein bis zwei Tanzabende, monierten damalige Sittenwächter an dieser Mode.[99]

Brennnesselfaser weltweit

Auch andere Völker der Welt nutzten und nutzen vereinzelt noch immer Brennnesselfasern. Für die amerikanischen Ureinwohner war bis ins 19. Jahrhundert *Urtica dioica* eine wichtige Faserpflanze. Sie stellten Kordeln, Seile, Fischernetze, Fallen, Bogensehnen, Schneeschuhe und Kleidung daraus her.[100]

Die Sibirische Hanfbrennnessel *(Urtica cannabina)* wurde bis in die Fünfzigerjahre im asiatischen Raum, insbesondere Sibirien, als Faserpflanze angebaut und genutzt. Es entstanden Fasern mit guter Beschaffenheit für Stricke, Netze und auch feines Nesseltuch. Wobei hier chemische Verfahren mit Ammoniak und Druckbehältern zur Anwendung kamen.[101] In Sibirien, Kamtschatka, Nepal, Japan, China und Ungarn wird noch immer in handwerklicher Tradition Brennnesselfaser hergestellt. Wobei unterschiedliche Arten der Brennnessel zum Einsatz kommen. Die nepalesische Nessel *(Girardinia diversifolia)* ergibt feine Stoffe, die als Luxusgut gelten. Häufiger sind gröbere, robuste Stoffe erhältlich.[102]

Handversponnenes Garn und Stoffe aus Nepal kann man mittlerweile über das Internet bestellen. Die Brennnesseln werden bei mehrtägigen Wanderungen im Himalaya gesammelt. Zunächst werden sie an der Sonne getrocknet, dann für zehn Tage in einen großen Wassertopf gelegt und danach ausgespült. Für ein Kilo versponnene Brennnesselfaser benötigen die Menschen dort etwa zehn Tage.[103] Ein anderes Verfahren in Nepal ist das Auskochen der Faserstreifen im Holzaschebad. Auch einzelne Kleidungsstücke, Teppiche, Bettwäsche, Socken

Fein gestrickter Brennnesselschal aus Nepal, als Turban und als Schutz für den ganzen Kopf.

Plakate aus dem Ersten Weltkrieg, Bayrische Nesselstelle, München. Insbesondere für Wundverbände wurde »die deutsche Baumwolle« gesammelt.

oder Armbänder kann man kaufen, wobei nicht immer klar ist, welche Art der Brennnessel verwendet wurde. Häufig ist es Ramie.

Industrielle Fasernutzung

In Kriegszeiten waren Stoffimporte oft beschränkt, die Brennnessel als Faserpflanze kam dann wieder ins Bewusstsein. Dokumentiert sind in Deutschland und Österreich Aufrufe an die Bevölkerung, Brennnesseln für die Faserherstellung zu sammeln. Es gab eine Nesselverwertungsgesellschaft, die die industrielle Herstellung zeitweise intensiv erforschte. Der Naturwissenschaftler Gustav Bredemann aus Marburg veröffentlichte 1959 das Buch *Die Große Brennnessel – Forschungen über ihren Anbau zur Fasergewinnung*. Seine Forschungsergebnisse insbesondere über die von ihm gezüchtete Fasernessel *(Urtica dioica convar. fibra)* sind dort dokumentiert und werden bei neueren Forschungen berücksichtigt.

Zum Aufschluss der Fasern wurden wohl auch chemische Verfahren angewendet. Mit Ammoniak- oder Aminolösungen in heißen Druckbehältern von 125 bis 140 Grad Celsius erhält man glatte Fasern guter Qualität von zwei bis sieben Zentimeter Länge.[104] Dieses Verfahren wurde als Patent im Jahr 2009 angemeldet, obwohl es in Sibirien schon im letzten Jahrhundert angewendet wurde.

Das Stoffkontor Kranz aus Lüchow gab nach 18 Jahren Forschung und Entwicklung die maschinelle Herstellung von Brennnesselstoffen auf. Sie stellten feine, glänzende Stoffe mit 10 bis 40 Prozent Brennnesselfaseranteil her. Im Jahr 2009 war die Aktiengesellschaft insolvent, was auch die wirtschaftliche Existenz einiger landwirtschaftlicher Betriebe, die auf die Brennnessel als Kulturpflanze gesetzt hatten, bedrohte.[105]

Die Zeitschrift »The Independent« berichtete am 3. August 2004 über den »heavy nettle hero« Ray Harwood, der die Brennnessel als die Pflanze der Zukunft bezeichnet. Er ist

Polsterstoffe mit Brennnessel von Camira Fabrics.

Professor einer Forschungsgruppe für Textiltechnik und Materialien an der Universität in Leicester und am britischen Projekt zur Entwicklung von Brennnesselstoffen beteiligt. Das Projekt heißt »Sting – Sustainable Technologies in Nettle Growing«. Die Firma Camira Fabrics konnte die Forschungsergebnisse nutzen und produziert Polsterstoffe mit einem Anteil von 17 bis 25 Prozent Brennnesselfaser. Im Jahr 2009 gewannen sie damit einen Nachhaltigkeitspreis und einen Textil-Design-Award.[106] Ebenfalls 2004 findet man Berichte, dass das italienische Modehaus Corpo nove Jeans aus Brennnesseln in Großbritannien verkaufte.[107] Die erfolgreiche niederländische Unternehmerfamilie Bob Crébas und Carla Wobma stiegen im Jahr 2006 in die Brennnesselfaserproduktion ein. Zunächst unter dem Namen »Brennels«, später in Kraggenburg mit dem Namen »Netl«. Die Woll-Brennnessel-Kollektion der niederländischen Designerin Rianne de Witte erzielte jedoch nur mäßige Verkaufszahlen, obwohl es viel Hoffnung und ein gutes Medienecho gab.[108] Im September 2017 gab Velcorex-Matières, ein Anbieter luxuriöser Stoffe in Frankreich, bekannt, dass er bald Kleidung aus Brennnessel herstellen werde, und brachte dann eine hundertprozentige Nesseljeans auf den Markt. Für die Massenproduktion fehlten noch Landwirte, die auf Brennnessel umstellen, aber die Firma ist optimistisch, dass sich diese finden werden.[109] Auch in anderen europäischen Ländern wird mit der Brennnesselfaser experimentiert.

Heute stehen Umweltaspekte bei den neueren Forschungen im Vordergrund. Die Firma Mattes & Ammann im baden-württembergischen Meßstetten führt seit 2011 Untersuchungen durch, um Brennnesselfasern industriell verarbeiten zu können. An den Universitäten in Reutlingen, Zwickau und dem Textilforschungsinstitut Denkendorf gibt es weitere Forschungen dazu. Die industriell gewonnene Faser der *Urtica dioica* war bisher noch zu kurz und deshalb nur für Mischgewebe geeignet. Mitarbeiter des Instituts reisten nach China, um sich die Herstellung von Ramiestoffen anzusehen. Ramie, die nahe Verwandte der Brennnessel, wird dort für hochwertige Kimonos genutzt.

Teppiche mit Brennnesselbeimischung.

Die Modedesignerin Gesine Jost entwarf aus den ersten Stoffen eine Modekollektion, die sie im Jahr 2014 präsentierte. Hose und Shirt habe ich mir bestellt und bin von dem festen und doch seidigen Griff begeistert. Allerdings wurde dafür die chinesische Ramiefaser verwendet, nicht, wie ich gehofft hatte, die heimische Brennnessel. In Ungarn ließ die Firma zehn Hektar Acker mit Brennnesselsetzlingen bepflanzen. Die Brennnessel wurde für die Fasergewinnung so gezüchtet, dass sie deutlich höher wächst und weniger Verzweigungen aufweist als die wildwachsende Brennnessel. Diese Fasernesseln haben zudem weniger Brennhaare und werfen früher die unteren Blätter ab. Den Namen »Marlene« – ob er wohl vom Märchen der Jungfrau Maleen inspiriert wurde? – hat sich die Firma für diese gezüchtete Form schützen lassen.[110] Im Jahr 2016 berichtete die Firma von ersten Erfolgen mit seidigen Matratzenstoffen aus Brennnessel, wobei auch hier ein Mischgewebe gemeint war.[111] Die Firma hat eine Informationsplattform, auf der sie über ihre Erfahrungen mit der Pflanze für die industrielle Verarbeitung berichtet.[112]

Außerdem findet die Brennnesselfaser Verwendung für kunstvolle Teppiche mit Brennnesselbeimischungen, auch Teppiche aus reiner Brennnesselfaser gibt es.

Brennnessel-Kollektion von Gesine Jost.

Des Weiteren lud Prince Charles zwei Punk-Textildesigner auf sein Anwesen in Highgrove ein, um Brennnesselstängel zu ernten und meinte im Daily Telegraph: »Prince Charles' nettles are next big sting at London Fashion Week.«[113]

Brennnessel – Faser der Zukunft?

Brennnesselfasern, insbesondere handverarbeitet mit weitgehend intakten Fasern, haben einen seidenartigen Glanz und einen glatten Griff. Sie wirken auf der Haut angenehm, weil sie temperaturausgleichend sind. Sie fühlen sich bei heißen Temperaturen kühl an, bei Kälte wärmen sie. Für eine Pflanzenfaser ist sie ungewöhnlich bauschfähig. Fest und dünn versponnen, ist sie eher als Sommerstoff geeignet, lockerer und bauschiger versponnen, wärmt sie auch gut. Die einzelne Nesselfaser ist sehr fein und hat Hohlräume in ihren Zellen (Zellumen), die isolierend wirken. Das Garn kann mehr Feuchtigkeit aufnehmen als Leinen- und Hanfstoffe. Auch lassen sich Brennnesselfasern besser mit kräftigen Farben färben.[114] Das kann ich aus meiner Erfahrung bestätigen: Als ich probeweise Leinen, Baumwolle, Hanf, Schafwolle und Brennnesselfaser färbte, war die Brennnesselfaser von den pflanzlichen Fasern am kräftigsten eingefärbt.

Brennnesselfasersäckchen: als Massagehandschuh oder Seifensäckchen bestens geeignet.

Bei guter Verarbeitung sind Brennnesseltextilien verschleißarm und verhalten sich schmutzabweisend, wodurch sie für Heimtextilien oder technische Materialen, wie Bezugsstoffe für Sitze oder Innenverkleidungen für Automobile, geeignet sind.[115] Als Verbundwerkstoff in der Autoindustrie und im Flugzeugbau werden sie heute schon verwendet.[116] Auch Wundauflagen, Windeln, Wasserfilter, Dämmplatten oder Tampons aus der Faser sind denkbar. Die Einsatzmöglichkeiten erscheinen schier unendlich.

BRENNNESSELFASERN GEWINNEN UND AUFBEREITEN

Die Beschaffenheit der Faser verändert sich im Laufe des Wachstums der Pflanze. Auch Standort und Klima beeinflussen, wie sehr die Fasern sich mit dem Holz und den klebrigen Inhaltsstoffen verbinden und wie lang die Fasern werden. Deshalb können Erntezeitpunkt und Herstellungsverfahren unterschiedlich sein. Brennnesselpflanzen im Halbschatten am Waldrand, unter Bäumen und an Flussläufen wachsen besonders gut. Auch feuchte Wiesen, die vom Bach oder Fluss überflutet werden, sind oft mit kräftigen, faserreichen Brennnesseln bewachsen.

Im Sommer ist es relativ einfach, die äußeren Faserstränge abzuziehen. Man erhält feuchte, grüne und lange Streifen. Wenn diese trocknen, werden sie allerdings sehr hart, und es ist schwierig, die weichen, feinen Fasern herauszulösen. Für Kordeln oder Stricke können sie jedoch auch unbearbeitet gut verwendet werden. Allerdings quellen sie stark auf, wenn sie nass werden und bekommen einen algigen Geruch.

Erntet man grüne Stängel und lässt sie anrotten, zersetzt sich der algig-schleimige und klebrige Stoff. Das Anrotten muss sehr gleichmäßig erfolgen, sonst können die Fasern stellenweise mit verrotten, und alle Arbeit war vergeblich. Die Rottung kann im Gras, in fließendem oder stehendem Wasser erfolgen. Eine andere Methode ist das Kochen der Faser mit Holzasche. Dabei kann es jedoch passieren, dass die Faserstränge auseinanderfallen und die Fasern zu kurz zum Verspinnen werden. Die nepalesiche Nessel ist etwas robuster, dort wird dieses Verfahren angewendet.

Ich bevorzuge die Brennnesselstängel aus dem späten Herbst und Winter. Die Rottung der Stängel hat die Natur dann schon selbst erledigt. Blüten, Blätter und Samen sind abgefallen, und die an den Fasern klebenden Stoffe haben sich weitgehend in die Wurzeln zurückgezogen. Sind die Herbst- und Wintermonate sehr nasskalt, besteht die Gefahr, dass die natürliche Rottung die Fasern zerstört.

Abgezogene Fasern trocknen im Wind.

Sommer: Vom Stängel zum Bastfaserstrang

Blätter erst von unten nach oben und dann von oben nach unten abstreifen.

Um sie zu ernten, sollten die Brennnesseln mindestens einen Meter hoch sein. Ab Ende Juni sind sie groß und zäh genug, dass Fasern aus ihr gewonnen werden können. Die Stängel werden etwa eine Handbreit über dem Boden abgeschnitten. Dabei trägt man am besten feste Handschuhe. So kann man zunächst von unten nach oben streifen, um die Brennhaare zu brechen, und dann von oben nach unten, um die Blätter abzustreifen. Restliche Blätter oder Nebenzweige werden anschließend noch abgezupft oder mit einer Zange oder Gartenschere abgekniffen. Den Stängel spaltet man nun mit einem Messer. Haben Sie keines bei sich, können sie es mit den Fingernägeln versuchen oder den Stängel mit den Zähnen »knacken«. Ist der Stängel sehr hart, schlagen Sie mit einem Stein zunächst vorsichtig darauf. Dann fährt man mit dem Daumennagel bis zur Spitze und öffnet so den Stängel. An den Blattachsen muss eventuell mit einem Messer nachgeholfen werden, um den Stängel dort zu spalten.

Stängel mit Fingernägeln, Messer oder mit den Zähnen knacken.

Grüne Stängel abziehen

Nun wird der holzige Innenteil entfernt. Dazu bricht man den Stängel und zieht die Faserstränge in Richtung Spitze. Hier muss man an den Verdickungen der Blattachsen wieder vorsichtig sein. Es hilft, wenn man von beiden Seiten den Faserstrang bis zum Knoten abzieht und dann das Holz entfernt. Nun hat man einen breiten Faserstrang, der viel Wasser, Chlorophyll, Zucker und andere daran haftende Stoffe enthält. Manchmal kann man ihn gut in vier Teile teilen, da er durch die viereckige Form des Stängels schon von vornherein viergeteilt ist. So erhält man dünnere Faserstränge, die nun getrocknet werden. Weil sie noch Holzstückchen und bastartige Bestandteile enthalten, sind sie nach dem Trocknen etwas hart. Sie sind aber gut zum Anbinden von Pflanzen wie Tomaten geeignet oder zum Binden der Kräuterbuschen. Man kann sie aber zum Beispiel auch zu gröberen Kordeln oder Seilen drehen. Die Holzstückchen, die beim Abziehen übrig bleiben, müssen Sie nicht wegwerfen. Sie sind ein sehr gutes Mulchmaterial für den Garten. Auch die Blätter, die man beim Ernten abstreift, kann man zum Mulchen, für Brennnesseljauche oder als Tierfutter gut verwenden.

Faserstränge teilen sich am vierkantigen Stängel.

Stängel nach einer Woche Röstung.

Grüne Stängel anrotten

Um im Sommer weiche, verspinnbare Fasern zu erhalten, lässt man die Stängel vor der Faseraufbereitung anrotten, sodass sich der grüne, schleimige Teil zersetzt. Dieses Verfahren wird auch Tau-Rottung oder Röstung (niederdeutsch *röten, roten = »faulen«*) genannt [117]. Die Stängel sollten alle möglichst ähnlich dick sein, damit sie gleichmäßig verrotten. Wenn sie erst ein paar Tage in der Sonne trocknen und dann einige Tage im feuchten Gras liegen, erhält man die besten Ergebnisse.

Ich nehme immer etwa 20 Stängel und lege diese offen ausgebreitet mit der Spitze über einen Stein, zumal die dünne Spitze schneller verrottet und durch das Hochlegen weniger Nässe an sie herankommt. Man muss täglich nachsehen, wie weit die Rottung vorangeschritten ist. Den richtigen Zeitpunkt abzuwarten und zu erkennen, wann sich die Fasern gut vom Holz lösen, braucht ein wenig Erfahrung. Wenn die Stängel die grüne Farbe verlieren, sollte man immer wieder eine Probe machen und sich die verschiedenen Stadien genau ansehen. Bleiben noch sehr viele Holzteilchen beim Abziehen an den Fasern haften, sollten sie noch etwas liegen bleiben. Je feuchter die Stängel liegen und je wärmer es ist, desto schneller geht es.

Stängel nach drei Regentagen.
Rechts: auch Schnecken mögen die Stängel.

Stängelprobe: links sind alle Holzteile abgelöst, rechts haften noch Holzreste an der Faser.

Auch Schnecken mögen die Stängel und lassen sie schneller verrotten. Es ist aber schwierig, ihnen beizubringen, gleichmäßig daran zu fressen, deshalb sollte man sie lieber fernhalten. Zerfallen die Faserstränge beim Abziehen, haben sie zu lange gelegen. Wenn die Stängel sehr feucht sind, zerfallen die Fasern schneller. Sie können die Stängel dann vor dem Abziehen wieder etwas trocknen. Eine leichte Restfeuchte erleichtert wiederum das Abziehen.

Abgezogene holzige Teile als Mulchmaterial im Garten.

Röstung in fließendem Wasser

Diese Methode ist geeignet, wenn Sie an einem Bach oder Fluss wohnen. Das Wasser muss eine Temperatur von mindestens 15 Grad Celsius haben, damit der Röstvorgang nicht zu langsam vonstatten geht. Je wärmer das Wasser ist, desto schneller geht es. Wie bei der Tau-Röstung lässt man die Stängel erst antrocknen, dann stechen sie nicht mehr, wenn man sie von Blättern und Seitentrieben befreit. Die Stängel werden in Bündeln von 50 bis 100 Stück zusammengebunden, damit sie nicht vom fließenden Wasser fortgespült werden. Dieses Bündel wird mit einem Stein fixiert und an eine Stelle des Flusses oder Baches gelegt, wo das Wasser gut fließt, aber auch keine zu starke Strömung herrscht. Nach sechs bis acht Tagen sollte der Röstvorgang abgeschlossen sein und sich die Fasern gut vom holzigen Teil lösen lassen. Es ist ratsam, immer wieder nachzusehen, wie weit der Röstvorgang ist, um den richtigen Zeitpunkt abzupassen. Danach werden die Stängel in der Sonne oder unter einem warmen Dach getrocknet und können gelagert oder direkt weiter bearbeitet werden.

Röstung in stehendem Wasser

Dies ist eine Methode, die bei Flachs und Hanf gut funktioniert. Für Brennnesseln halte ich sie weniger geeignet, außer man benötigt gerade viel Brennnesseljauche. Denn diese entsteht quasi nebenbei, wenn die Stängel länger in einem Bottich oder einer alten Badewanne liegen. Auch hier sollte die Temperatur des Wassers 15 bis 25 Grad betragen. Auch bei dieser Methode muss man die Rottung kontinuierlich beobachten. Wenn die Stängel beginnen, sich zu zersetzen, riechen Stängel und Wasser stark nach Jauche. Sobald sie den optimalen Röstzustand haben, werden sie gründlich mit klarem Wasser gewässert und dann getrocknet. Der Jauchegeruch verschwindet komplett.

Röstung in heißem Wasser

Eine Aufbereitung grüner Brennnesselstängel mit durch Seife oder Asche basisch wirkendem Wasser geht etwas schneller und riecht nicht nach Jauche. Dies hat auch Birte Ford in ihrem Buch dokumentiert. Dazu werden die Stängel zunächst in etwa 85 Grad warmes Wasser gelegt. Das Wasser sollte dann auf 25 bis 35 Grad abkühlen und diese Temperatur etwa 4 bis 5 Tage gehalten werden.[118] So ähnlich wird in Nepal die Nepalnessel *(Girardinia diversifolia)* vorbereitet. Die Fasern der Nepalnessel sind jedoch etwas robuster, deshalb ist die Gefahr des Verkochens nicht so hoch. In Nepal werden die Faserstränge erst abgezogen und dann erhitzt. Werden die Fasern zu lange gekocht, fallen sie auseinander und sind nicht mehr verspinnbar – wir erinnern uns an die Geschichte der faulen Spinnerin, die die Fasern gegen einen Faserbrei austauschte. Die Fasern der Brennnessel sind nur drei bis acht Zentimeter lang, deshalb ist es für die Weiterverarbeitung eigentlich gut, wenn ein wenig der klebrigen Inhaltsstoffe an den Fasern verbleibt, sodass die Fasern noch etwas zusammenhaften und somit besser weiterzuverarbeiten sind. Meine Versuche dazu waren jedoch nicht besonders zufriedenstellend. Ich hatte Faserstränge einige Stunden in fast kochendes Seifenwasser gelegt. Einmal ergab es einen schleimigen Klumpen, bei dem allerdings nach dem Trocknen die Fasern wieder stabiler zusammenhielten. Es scheint schwierig, den algigen Teil aus den Fasern herauszulösen, während Faserstränge mit sehr festen Holzresten sich dann wirklich gut lösen. Nach dem Auskochen müssen die Fasern liegend getrocknet werden.

Fasern abkratzen

Eine Möglichkeit, im Sommer Fasern zu bekommen, ohne die Stängel anrotten zu lassen, ist das Abkratzen der Fasern. Da die Fasern außen am Stängel liegen, lassen sie sich mit einem scharfen Messer oder einer Klinge herunterraspeln. Diese »Wolle« wird getrocknet. Danach werden die Fasern gerubbelt, mit einem stumpfen Messer oder Falzbein geschabt und kardiert (siehe Seite 157). Damit sie etwas weicher werden, sollte man die Fasern noch in einer schwachen Seifenlauge auskochen. Die Wolle ist zunächst etwas grünlich, das verblasst jedoch mit der Zeit, und man erhält feine strapazierfähige Fasern.

Diese Methode ist zu empfehlen, wenn man keinen Platz zum Rösten der Fasern hat, aber trotzdem die grünen Brennnesseln verwenden möchte. Die Fasern sind dann aber kürzer und zu etwas dickeren Fäden verspinnbar.

Nicht alle Stängel sind geeignet; hier braucht es etwas Erfahrung.

Herbst und Winter: natürliche Röste

Bei meinen Spaziergängen im späten Herbst und Winter schaue ich immer wieder einmal, wie sich die Fasern an den Brennnesselstängeln lösen lassen und wie sie beschaffen sind. Ich finde den Gedanken schön, dass die Natur die Arbeit des Röstens übernimmt, sodass man eigentlich nur abwarten und beobachten muss. Wenn man sich Proben von verschiedenen Standorten mitnimmt und vergleicht, erkennt man immer schneller, welche Pflanzen gut verarbeitet werden können. Wenn alle Blätter am Stängel abgefallen sind, ist das ein guter Hinweis, dass sich die klebrigen Inhaltsstoffe zurückgezogen haben. Optimal sind Standorte mit nicht zu trockenem Boden, aber auch Sonne. In sehr feuchten Gegenden verrotten die Brennnesseln oft zu schnell mitsamt den Fasern. In Gegenden, wo im Winter viel Schnee liegt, werden die Fasern sich auch schnell zersetzen.

Je nach Standort und Klima finde ich geeignete Stängel nach einem trockenen Sommer schon im Oktober. Das sind dann eher vertrocknete Stängel, eine Röstung ist dann nicht nötig. Am Fluss und in Feuchtwiesen gibt es im Februar und oft auch bis März Stängel mit guten Fasern. Sie sind oft besonders einfach zu verarbeiten. Gelbliche Stängel ergeben nach meiner Beobachtung besonders feine Fasern. Wenn sie ein wenig Frost abbe-

kommen haben, lösen sich die Fasern noch besser. Solange sie noch aufrecht stehen, ist die Gefahr, dass sie zu sehr verrotten, gering. Sobald sie einknicken und länger am Boden liegen, sind sie für Fasern nicht mehr zu gebrauchen.

Wenn die Stängel nicht schon trocken sind, sollte man sie erst trocknen. So kann man sie auch länger aufbewahren und später weiter bearbeiten. Die Stängel dürfen dafür nicht im Keller oder in feuchten Räumen gelagert werden, wo die Gefahr besteht, dass sie weiter rotten und unbrauchbar werden. Die Bündel beschriftet man am besten mit dem Erntedatum. Drei bis vier Jahre kann man sie gut aufbewahren.[119] Man kann die Fasern aber auch direkt nach dem Ernten und Trocknen abziehen.

So wie es beim Flachs mitunter gemacht wird, kann man auch die Brennnesselstängel nahe an einen Ofen stellen, sodass sie bei Temperaturen von 50 bis 70 Grad »gebacken« werden. Aber seien Sie vorsichtig, bei höheren Temperaturen können die Fasern »verbrennen« und spröde werden. BIRTE FORD beschreibt in ihrem Buch *Yarn from Wild Nettles*, dass dieses Verfahren für sie den Durchbruch bedeutete. 12 bis 24 Stunden lässt sie die Stängel so trocknen. Diese Art der Trocknung mit angerotteten Stängeln kann man auch im Sommer unter einem sehr heißen Dach oder unter einer Glasscheibe in der Sonne durchführen. Die nun sehr trockenen Stängel bricht sie auf einem Brett mit aufgenagelten Leisten. Die Stängel werden dazu in ein Tuch gewickelt und mit einem Holzstück geklopft, bis sie zerfallen.[120] Das geht sicher schneller, als jeden Stängel einzeln abzuziehen. Doch mir ist das Schlagen der Stängel zu laut, und es ist weniger meditativ. Alternativ kann man sie auf harten Boden legen und darauf herumtreten, damit sie brechen. Der hölzerne Innenteil sollte dann einfach abfallen, wenn man die Fasern ausschüttelt. Eine Freundin, die aus Venezuela stammt, berichtete mir, dass es dort in ihrer Kindheit durchaus noch üblich war, die frischen Stängel auf dem Boden zu klopfen oder zu treten, damit sie brechen, um sie dann abgezogen und getrocknet zu Kordeln zu verarbeiten.

Aufbereitung: Vom Bast zur Faser

Um feine Fasern zu erhalten, muss man die Bastfaserstränge weiterverarbeiten. Man nimmt ein Bündel von etwa 20 Fasersträngen und reibt diese in der Hand, drückt sie zusammen und reibt wieder. Es fallen Staub und Holzteilchen ab, und die Fasern werden immer weicher. Wenn kaum noch etwas abfällt, nimmt man ein stumpfes Messer, das gut in der Hand liegt, zum Beispiel ein Tafelmesser oder ein Falzbein, das es als Buchbinderwerkzeug gibt. Man hält das Werkzeug in der rechten Hand, sodass man die Klinge gegen den Daumen drücken kann. Nun legt man einen Faserstrang dazwischen und zieht ihn langsam immer wieder durch. So erhält man lange Fasern für dünnes, festes Garn. Die kürzeren Fasern, die hier herausgeschabt werden – sogenannte Wergfasern – kann man separat sammeln und später für dickeres bauschigeres Garn verwenden. Sie müssen noch mit einer Karde bearbeitet werden, damit die Fasern in einer Richtung liegen und verspinnbar werden. Die ganz kurzen Fasern kann man für das Papierschöpfen sammeln.

Ausbeute

Beim Reiben und Schaben schwindet das Volumen des Faserbündels auf die Hälfte bis zu einem Drittel. Von 20 Stängeln, die ich im Winter mit der Hand abgezogen und das Gröbste an Bastmaterial weggerubbelt habe, erhalte ich etwa 20 g Fasermaterial. Das dauert bei mir in etwa eine Stunde.

Allan Brown, ein Texilkünstler aus England, erntet seine Brennnesseln von Juni bis Oktober. Er lebt an der Südküste Großbritanniens und experimentiert seit einigen Jahren intensiv mit Pflanzenfasern, insbesondere mit der Brennnessel. Vielleicht verrotten die Brennnesseln in England wegen der milden, feuchten Winter schneller, sodass sie dann keine brauchbaren Fasern mehr haben. Er dokumentiert seine Forschungen zur Fasergewinnung ausführlich auf seiner Website, und in einer großen internationalen Facebook-Gruppe findet ein reger Austausch darüber statt. Er gewinnt aus 25 Stängeln, die er

7 Tage unter stetigem Wenden und je nach Witterung auch mit zusätzlichem Wässern anrotten lässt, rund 40 g Bastfaser. Wenn er sie weiterverarbeitet, ergeben sich durchschnittlich 20 g spinnfähige, saubere Brennnesselfaser. Das entspricht dann etwa 0,8 g Faserausbeute pro Stängel.[121]

Wenn der Faserstrang seidig weich geworden ist, ist er bereit zum Spinnen.

Beim Verarbeiten der Bastfasern zu seidigen Spinnfasern verringert sich das Volumen deutlich.

VON DER FASER ZUM GARN: DAS SPINNEN

Kurze Fasern mit der Handkarde ausrichten.

Die aufbereiteten Faserstränge, die nun entstanden sind, können bis zu einem Meter lang sein. Das geht bisher nur in Handarbeit, denn bei der maschinellen Fasergewinnung werden die Bestandteile, die die Fasern zusammenkleben lassen, entweder mechanisch oder mit chemischen Mitteln komplett entfernt, und es entstehen kürzere reine Fasern. Lange Rohfasern kann man direkt verspinnen, die kürzeren müssen kardiert werden, das heißt, sie werden mit Handkarden in eine Richtung gekämmt, sodass sie sich zu einem regelmäßigen Faden eindrehen lassen.

Brennnesselfasern lassen sich gut mit einer Handspindel verspinnen. Wer schon ein bisschen Fingerfertigkeit durch das Kordeldrehen gewonnen hat, wird das Spinnen schnell lernen. Einfache Spindeln kann man sich selbst bauen. Wichtig ist das passende Gewicht der Spindel – für dickere Fäden muss die Spindel schwerer sein, für feine Fäden leichter –, und sie muss möglichst ruhig drehen. Um einen stabilen dünnen Faden aus reiner Brennnessel herzustellen, braucht es viel Fingerspitzengefühl. Hier ist nur das Spinnen mit der Handspindel beschrieben, aber auch mit dem Spinnrad kann man Brennnesselgarn herstellen. Es verspinnt sich ähnlich wie Hanf und Flachs und erfordert etwas Übung, bis man feine Fäden erreicht.

Kardieren

Man nimmt die ungekämmten Büschel und streicht sie über eine der beiden Karden, sodass sie daran hängen bleiben. Mit der anderen Karde zieht man in der gleichen Richtung darüber und kämmt so die Fäden. Das sollte nicht zu grob geschehen, da sonst die Fasern reißen, auch die Kardendrähte nutzen sich dann schnell ab. Liegen die Fasern schließlich parallel, zieht man sie vorsichtig mit der Hand ab und legt die gekämmten Büschelchen beiseite, bis alle Fasern kardiert sind.

Handhabung der Handspindel

Oben: Spindel mit Haken.
Unten: Kreuzspindel; der Faden wird mit einer Schlaufe gehalten.

Es gibt verschiedene Formen und Größen von Spindeln. Aber im Grunde bestehen sie alle aus einem Stab als Schaft und einer Scheibe oder einem Kreuz als Wirtel, damit die Spindel beim Drehen Schwung bekommt. Viele Spindeln haben einen Haken, der das Einhängen des Fadens erleichtert. Bevor man mit Brennnesselfäden zu spinnen beginnt, ist es ratsam, zuerst mit Schafwolle zu üben. Das ist wesentlich einfacher. Wenn man dann ein Gefühl dafür bekommen hat, kann man mit Flachs oder Hanf weiter üben. Flachs und Hanf verhalten sich beim Spinnen ganz ähnlich wie Brennnesselfaser.

An den Schaft der Spindel bindet man zunächst einen Lauffaden von etwa einem halben Meter Länge. Das kann ein Faden aus einem anderen Material sein, nicht zu glatt, damit sich die Brennnesselfasern gut daran eindrehen. Diesen Faden hängt man nun am Haken der Spindel ein. Der Haken kann am kürzeren, aber auch am längeren Teil der Spindel angebracht sein. Bei Spindeln ohne Haken wird eine Schlinge um den Stab gelegt. Wichtig ist, dass es kein Knoten ist, sondern eine Schlinge, die, wenn man sie abzieht, keinen Knoten bildet, sondern sich löst.

Nun nimmt man einen Büschel Brennnesselfasern in die linke Hand und zieht einige Fasern heraus. Diese legt man an den Lauffaden an oder knotet sie daran fest. Man hält diese Stelle mit den Fingern fest und dreht dann die hängende Spindel im Uhrzeigersinn. Es gibt unter Profis eine Konvention, die Spindel in diese Richtung zu drehen. Will man den Faden später verdrillen, spielt die Richtung eine Rolle. Es ist wichtig zu wissen, in welche Richtung man gedreht hat, damit man nicht zwischendurch den Faden wieder ausdreht.

Sobald man einen Drall am Faden spürt, löst man die Finger etwas und gibt dem Faden nach, sodass er sich eindreht. Dann zieht man wieder Fasern aus dem Büschel, die sich mit dem Schwung der Spindel weiter verdrehen. Wenn die Spindel zu langsam wird, dreht man sie erneut an. Der gesponnene Faden wird so immer länger und die Spindel hängt immer tiefer. Dann fängt man sie auf, hakt den Faden aus, wickelt ihn auf der langen Seite des Schaftes auf und hängt den Faden wieder in den Haken ein. Dann geht es mit neuem Schwung weiter. Zum Ansetzen eines neuen Büschels Brennnesselfasern klemmt man die Spindel am besten zwischen die Beine. Einfacher ist es auch, zwischendurch, wenn man den Faden nachgibt, zu stoppen; diese Technik nennt man dann »drop and stop«, fallen lassen und stoppen.

Es ist sehr hilfreich, sich die Finger immer wieder mit Wasser oder auch mit Spucke anzufeuchten. Pflanzliche Fasern sind glatter als tierische, sodass der Faden während des Spinnens schneller auseinanderrutscht. Feuchtigkeit lässt die einzelnen Fasern besser aneinanderhaften. Sie dürfen aber nicht zu nass werden, denn sonst gleiten die Fasern wieder auseinander. Beim Spinnen stellt man sich am besten ein Schälchen mit Wasser bereit.

Oben: drehen im Uhrzeigersinn.
Unten links: Faden nachgeben.
Unten rechts: Spindel stoppen.

Fäden verdrillen

Hat man zwei Knäuel mit dünnem Faden gesponnen, kann man sie mit einer Spindel oder einem Spinnrad verdrillen. Dadurch wird der Faden haltbarer und dreht sich zum Beispiel beim Stricken nicht ein. Jetzt muss man auf die richtige Richtung achten, sonst drehen sich die Fäden auf und reißen. Man unterscheidet zwischen einer S-Drehung und einer Z-Drehung (siehe Zeichnung). Zum Beispiel kann man zwei S-Drehungen in Z-Drehung verdrillen, zwei S-Drehungen zu einer S-Drehung. Aber auch alle anderen Kombinationen sind möglich. Der Faden bekommt jeweils eine andere Struktur.

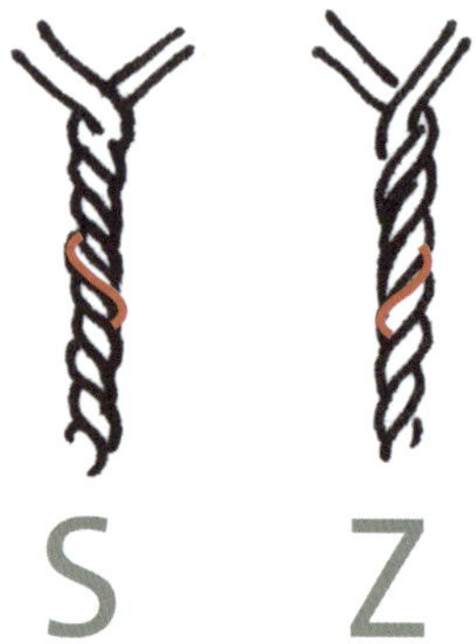

Zwei Fäden zu einem verdrillen; die Richtung zu wissen, ist wichtig.

Kreuz-Handspindeln bauen

Bei einer Kreuzspindel besteht der Spinnwirtel aus zwei kreuzweise angeordneten Stäben mit je einem Loch in der Mitte, in die der Schaft gesteckt wird. Kreuzspindeln sind recht praktisch, denn wenn man genug gesponnen hat, kann man erst den Schaft und dann die beiden Stäbe aus dem gewickelten Faden ziehen, und man erhält ein Knäuel. Bei anderen Spindeln muss man den Faden erst abwickeln.

Aus Weidenzweigen: Aus Stöcken, die man gut spalten kann, ist es relativ einfach, eine Kreuzspindel zu bauen. Gut geeignet sind zum Beispiel Weidenzweige. Man benötigt einen geraden Zweig von etwa 20 bis 25 cm Länge und einem Durchmesser von knapp 1 cm. Außerdem zwei kürzere von 12 bis 14 cm Länge, mit einem Durchmesser von etwa 1,5 cm. Diese beiden müssen gleich lang und gleich dick sein. Die beiden kürzeren Stäbe werden in der Mitte ein Stück weit gespalten, gerade so, dass der längere Stab hindurchpasst. Den längeren Stab spitzt man auf einer Seite über ein paar Zentimeter an, damit man ihn leichter durch die Spaltöffnungen der beiden anderen Stäbe schieben kann. Die beiden kurzen Stäbe werden dann etwa 5 bis 7 cm vom einen Ende des Schaftes kreuzweise angeordnet.

Spindeln kann man einfach selbst herstellen.

Wenn beim Einschieben einer der gespaltenen Stäbe aufbricht oder der Schaft nicht gut feststeckt, zu locker ist, nimmt

man einen stabilen Faden und bindet ihn an den Enden wieder zusammen.

Aus Latten und Rundstab: Aus einem Rundstab und zwei Latten ist auch schnell und mit wenig Werkzeug eine Kreuzspindel hergestellt. Man braucht einen etwa 25 cm langen Rundstab von 8 mm Durchmesser und zwei Holzlatten, die 14 cm lang, 2 cm breit und 5 mm stark sind. Genau in die Mitte der Latten wird ein Loch von 8 mm Durchmesser gebohrt. Der Rundstab wird etwa 5 cm von der einen Seite her vorsichtig abgeschliffen, dass er durch die Löcher passt und dann feststeckt. Auf der langen Seite schnitzt man etwa 3 cm vom Ende entfernt eine Kerbe für den Faden ein. Man kann stattdessen auch einen feinen Haken in die Längsseite schrauben. Die Hölzer werden noch schön abgeschliffen und der Rundstab etwas spitz zugeschnitten, damit es schöner aussieht. Die beiden Latten werden nun von unten auf den Rundstab geschoben und kreuzweise angeordnet. Braucht die Spindel für dickere Fäden mehr Gewicht, kann man unten Perlen aufstecken.

Es gibt viele Möglichkeiten, sich eine Spindel herzustellen. Selbst aus einer CD und einem Rundstab funktioniert es. Schön ist auch eine aus Ton geformte Scheibe als Schwungrad.

Ein fertiges Knäuel entsteht an der Kreuzspindel.

KURZE FASERN VERWERTEN: PAPIERSCHÖPFEN

Zum Papierschöpfen benötigt man einen Schöpfrahmen. Man kann ihn sich mit wenig Aufwand selbst bauen. Aus Latten fertigt man zwei exakt gleiche Rahmen mit dem Innenmaß beispielsweise eines A5 Blattes und bespannt den einen mit feinem Gitterdraht oder Gardinenstoff. Zudem braucht man eine Wanne, die etwas größer sein muss als der Rahmen, weiter Filz- oder Walkmatten, glatte Baumwoll- oder Leinenstoffstücke, eine Schere, eventuell einen Mörser, Handkarden oder einen Mixer. Für etwa zehn Blatt Papier im A5 Format reichen etwa 50 bis 100 g Brennnesselfasern. Die kurzen Faserreste, die beim Abschaben der Brennnesselfaserstränge abgefallen sind, eignen sich gut. Aber auch bearbeitete Fasern können aufbereitet werden. Zunächst werden die Fasern in etwa 2 bis 3 mm kleine Stückchen geschnitten und ein paar Tage im Wasser liegen gelassen, damit sie quellen und sich besser voneinander lösen. Man kann sie auch direkt mit Handkarden bearbeiten oder im Mörser mit etwas Wasser zerstoßen. Ein Teilnehmer eines Brennnesselkurses hatte sehr feines Brennnesselpapier. Die Fasern hatte er im Mund zerkaut! Kocht man die Fasern in einer Seifen- oder Aschenlauge, lösen sich Holzreste, und die Faser wird weicher. Seife und Asche müssen dann mehrfach mit klarem Wasser ausgespült werden um den Faserbrei zu neutralisieren. Möchte man die Fasern noch feiner haben, können sie zusätzlich in einem Mixer püriert werden. Um das Papier beschreibbar und glatter zu machen, kann man dem Faserbrei noch Füll- und Klebstoffe wie zum Beispiel Kreide oder Kaolin zufügen, auch Stärke eignet sich. Man kann auch schon verarbeitete Fasern wieder recyceln, die Aufbereitung, bis sie fein genug sind, ist jedoch arbeitsintensiv. Ich habe mir vorgenommen, meine aufgetragenen Brennnesseltextilien sowie die Barfußschuhe oder Freundschaftsbänder in Zukunft als Papier zu neuem Leben zu erwecken.

Den Faserbrei gibt man nun zusammen mit 3 bis 5 Liter Wasser in die Wanne und verteilt alles gleichmäßig. Dann taucht man den Schöpfrahmen mit dem Sieb nach oben in die

Je feiner die Fasern, desto feiner das Papier.

Wanne, bis er vollständig von Wasser bedeckt ist. Jetzt legt man den offenen Rahmen darauf, sodass das Sieb zwischen den beiden Rahmen liegt. Nun taucht man beide noch einmal unter. Die Rahmen dürfen dabei nicht verrutschen. Die Fasern sollten über dem Sieb schwimmen und sich gleichmäßig verteilen. Dazu kann man den Rahmen etwas hin und her ruckeln oder auch mit den Fingern nachhelfen. Erst wenn die Verteilung der Fasern im Rahmen gleichmäßig erscheint, hebt man die Rahmen aus dem Wasser, nimmt den oberen, offenen Rahmen ab und lässt es etwas abtropfen.

Auf eine ebene Unterlage haben wir zwei Filzmatten, die größer als die Rahmen sein müssen, gelegt, darauf ein Stück glatten Stoff. Der Rahmen wird nun darauf abgegautscht, das heißt, er wird in einer langsamen Bewegung seitlich umgekippt, sodass das Blatt auf den Stoff übertragen wird. Mit einem Handtuch etwas abtupfen. Auf dieses Blatt kommt wieder ein Stück glatter Stoff. Nun schöpft man ein weiteres Blatt und legt es ebenso ab wie das erste. Wenn man auf diese Weise einen Stapel von etwa zehn Blatt geschichtet hat, schließt man den Stapel mit einem Stück glatten Stoff und zwei Filzmatten ab. Nun legt man ein Brett darauf und stellt sich vorsichtig auf den Stapel, um möglichst viel Wasser herauszupressen. Wer eine Papierpresse hat, kann diese verwenden oder bastelt sich aus Rohrzangen und zwei Brettern eine provisorische Presse. Hat man das Wasser so gut es geht herausgepresst, hebt man vorsichtig Schicht um Schicht ab und hängt die Blätter, die noch feucht am Stoff haften, an eine Wäscheleine oder legt sie auf die Heizung zum Trocknen. Wenn sie trocken sind, kann man sie vorsichtig vom Stoff lösen.

Aus Brennnesselpapier kann man beispielsweise Lampenschirme machen, weil sie eine sehr schöne und durchscheinende Struktur haben. Vielleicht eignet es sich auch als Filterpapier für Tee oder Kaffee, in Filtern zur Wasseraufbereitung oder als Dämmung beim Hausbau. Der Fantasie sind keine Grenzen gesetzt.

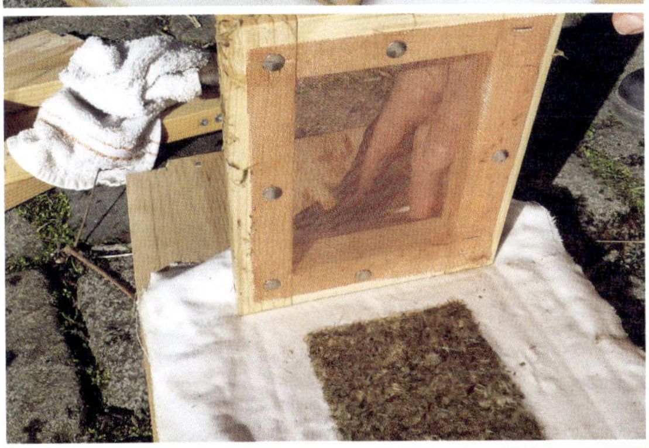

FASERN UND GARNE VEREDELN: FÄRBEN MIT BRENNNESSELN

Das Kraut der Brennnessel kann man zum Färben von Fasern verwenden. Je nach Beize erhält man unterschiedliche gelb- bis grünliche Farbtöne. Industriell hat die Brennnessel als Färbepflanze jedoch keine Bedeutung, weil die Ergebnisse sehr schwankend sind. Je nach Standort und Erntezeit variieren Farbcharakter und Intensität.

Für eine intensive Farbe werden etwa 400 g frisches Brennnesselkraut für 100 g Wolle benötigt. Das Kraut wird erst mit dem Messer in kurze Stücke geschnitten und dann im Mixer mit Wasser fein püriert. Diesen Brei lässt man noch über Nacht ziehen. Tierische Fasern wie Wolle und Seide nehmen Farben besser an als pflanzliche Fasern. Brennnesselfaser macht hier eine Ausnahme, sie nimmt die Farbe beinahe so gut an wie Schafwolle. Für einen olivgrünen Ton werden die Stoffe oder die Garnstränge mit Eisensulfat vorgebeizt. Auf 2 Liter Wasser gibt man 7 g Eisensulfat und erwärmt den Sud auf 60 Grad. Beize aus Alaun und Weinstein ergeben einen gelblichen Ton. Dazu benötigt man 2 gestrichene Teelöffel Alaun und 2 Messerspitzen Weinstein auf z2wei Liter Wasser. Das Färbegut wird eine Stunde darin gekocht und anschließend ausgespült.

Nun setzt man in einem großen Topf das Färbebad an; der Topf sollte mindestens 5 Liter Wasser fassen, damit die Stoffe oder Garne darin schwimmen können. Der Brennnesselbrei wird durch ein Mulltuch gefiltert und der Färbesaft in den Topf gegeben. Nun kocht man die Fasern etwa eine Stunde in dem Sud. Danach wird das Färbegut wieder gut ausgespült und getrocknet. Das Garn für mein Brennnesselshirt aus Nepalnessel habe ich auf diese Art gefärbt, und die Farbe ist noch nach Jahren erhalten. Bei einem weiteren Versuch hielt die Farbe nicht so gut, obwohl ich genauso vorgegangen war. Das bestätigt wohl, dass die Ergebnisse sehr unterschiedlich ausfallen können.

Nepal-Brennnesselgarn, gefärbt mit unserer Großen Brennnessel mit verschiedenen Beizen.

Verschiedene Stoffproben gefärbt mit Brennnessel.

HANDGEMACHT: BESEELTE UTENSILIEN

Kordeln drehen

Die abgezogenen Bastfasern der Brennnessel müssen gut trocknen, dann lassen sie sich direkt zu Kordeln oder Stricken drehen. Wenn sie noch Feuchtigkeit enthalten, schrumpfen die Fasern später, und die Kordel wird locker. Es gibt verschiedene Möglichkeiten, Kordeln zu drehen. Gute Erfahrungen habe ich gemacht, wenn ich zwei bis drei der geteilten Faserstreifen versetzt nebeneinander lege. Ich halte mit der linken Hand die Faserstreifen nicht ganz in der Mitte fest und zwirble die längere Seite zwischen Daumen und Zeigefinger stark ein. Wenn ich den Strang nun knicke und die beiden Enden des gedrehten Stückes zusammenlege, dreht sich das erste Stück der Kordel ineinander. Dann zwirbele ich den oberen Strang in Richtung nach hinten und lege ihn nach vorne über den unteren Strang, sodass dann dieser nun oben liegt. Jetzt diesen in Richtung nach hinten zwirbeln und wieder nach vorne über den anderen Strang legen. So dreht sich die Kordel Stück für Stück weiter ein. Wenn bei dem kürzeren Strang nur noch etwa 10 cm übrig sind, setze ich dort einen neuen Strang an und drehe diesen mit ein. In dieser Art lässt sich die Kordel immer weiter verlängern. Am Schluss beide Stränge mit einem Knoten fixieren.

Feucht gedrehte Kordel nach dem Trocknen

Für Kordeln bis zu etwa einem Meter Länge kann man ein Ende des Faserstranges irgendwo fixieren, beispielsweise an einem Nagel oder an einer Türklinke. Dann zwirbelt man den Strang am anderen Ende in eine Richtung, bis er sehr fest verdreht ist. Nun hält man dieses Ende fest in der rechten Hand, greift mit der linken Hand die Mitte des Stranges, zieht ihn nach links weg und knickt ihn so in der Mitte. Während man nun die beiden Enden zusammenführt, müssen beide Stranghälften gut zwischen den Händen gespannt bleiben. Man greift mit der rechten Hand das andere Ende und löst es aus der Fixierung. Wenn man nun die Mitte (linke Hand) loslässt, dreht sich die Kordel ineinander. Man kann auch etwas Schweres in die Mitte einhängen, damit sich die Kordel gleichmäßig eindreht.

Hat man die Faserstränge geviertelt und in guter Länge erhalten und etwas bearbeitet, kann man diese auch mit einer Spindel verdrehen. Zwei dieser gedrehten Bastfäden kann man nun mit einer weiteren Spindel miteinander verdrillen; auch so erhält man eine Kordel. Die Spindel muss dazu schwer genug sein, damit sie sich bei dem störrischen und schweren Bast auch drehen lässt. Wie dies genau gemacht wird, ist weiter oben beim Spinnen mit der Handspindel beschrieben.

Wenn man diese Kordeln in Seifenlauge auskocht, werden sie weicher, und letzte Holzreste lösen sich. Je länger man die Kordeln lagert, desto heller werden sie. Die restlichen grünen und harten Stoffe zersetzen sich offenbar mit der Zeit. Kordeln kann man vielseitig verwenden. Sie sind sehr robust und haltbar.

Je nach Erntezeit und Verarbeitung entstehen sehr unterschiedliche Kordeln.

Traumfänger

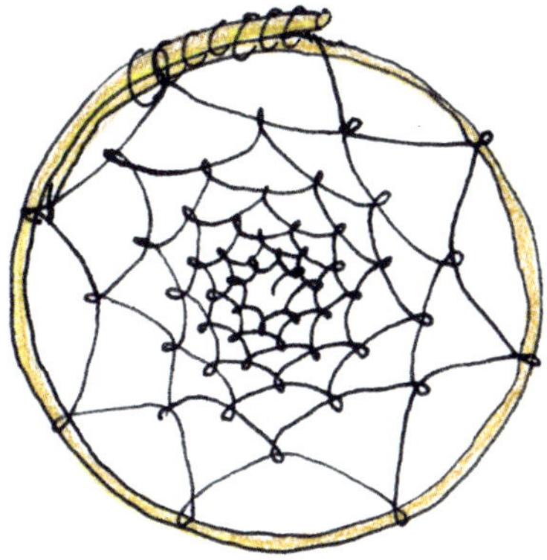

Nach einer Legende aus Nordamerika gibt es eine Spinnenfrau namens Asibikaashi. Sie wacht über die Geschöpfe der Welt, beugt sich über die Betten der Kinder und webt ein feines, starkes Netz. Alle bösen Träume werden in den Fäden aufgefangen und lösen sich im Morgenlicht auf. Die guten Träume werden über Federn zum Schlafenden geweht. Die Spinnenfrau schaffte es jedoch nicht mehr, sich um alle Menschen zu kümmern, so bat sie die Mütter und Großmütter, ebensolche Netze herzustellen. Ursprünglich waren diese Netze nur acht bis zwölf Zentimeter groß. Ein Weidenzweig wurde tropfen- oder kreisförmig gebogen und mit rot gefärbter Brennnesselfaser umbunden.[122] Die Ringform symbolisiert den Kreislauf des Lebens, das Netz unser Leben mit Träumen, Gedanken und Taten. Die Öffnung in der Mitte ist das große Ungewisse, das wir mit unserem Geist erschaffen. Als man begann, diese Traumfänger zu vermarkten, ging die Bedeutung zunehmend verloren, das Material wurde beliebig und der Traumfänger zu einem dekorativen Objekt ohne Magie. Mit selbst gesammeltem Naturmaterial und liebevollen Gedanken bei der Herstellung kann dieses Objekt wieder zu seiner ursprünglichen Bedeutung gelangen.

Für den »Kreis des Lebens« nimmt man einen biegsamen, etwa 60 cm langen Weidenzweig. Mit einem roten, etwa 1,5 m langen Brennnesselfaden bindet man den Kreis zusammen und umwickelt den Zweig. Nun wird der Faden rundherum mit Schlaufen um den Kreis gewunden. In der nächsten Runde zieht man den Faden durch die Schlaufen der ersten Runde und bildet so neue Schlaufen, durch die man wiederum den Faden zieht, bis nur noch eine kleine Öffnung übrig ist. Während des Bindens kann man Federn, Perlen oder andere Objekte einarbeiten. Am Ende wird der Faden verknotet.

In die Traumfänger können verschiedene Objekte eingearbeitet werden.

Brennnesselbeutel für Buchenstäbe, die »Buchstaben« der Kelten.

Magische Beutelchen und Amulette

Kleine Beutel häkele ich, um darin Steine, Baumperlen, Amulette oder Talismane aufzubewahren und mitzunehmen. Auch als Schutz für Buchenstäbe finden sie Anklang. Mit einfachen, festen Maschen wird in Runden gehäkelt. Zum Abschluss kommen Stäbchenmaschen, um eine Kordel zum Verschließen hindurchfädeln zu können.

Man kann aber auch besondere Steine mit Brennnesselfaser einknüpfen. Dazu eignet sich die Makramee-Knüpftechnik. Anleitungen hierzu finden Sie im Internet. Auch ein geflochtenes Halsband ist sehr angenehm zu tragen.

Geknüpfte Armbänder

Armbänder aus Brennnesseln können als Kordel gedreht, geflochten, geknüpft oder gewebt werden. Ich trage meine Bänder intuitiv am linken Arm. Aber jeder sollte für sich selbst herausspüren, wo es sich gut anfühlt. Mein Uhrenarmband ist besonders angenehm, da es im Sommer wie ein Schweißband und am Puls temperaturausgleichend wirkt. Armbändern aus Brennnesselfaser wird in verschiedenen Kulturen eine positive Wirkung auf Körper und Seele zugeschrieben. In Russland zum Beispiel werden Brennnesselarmbänder getragen, um sich vor fremden Energien zu schützen und das Wohlbefinden zu fördern.[123]

Besonders roten Armbändern wird in verschiedenen Kulturen besondere Wirkung zugeschrieben. Die jüdisch-religiöse Vereinigung der Kabbala empfiehlt ein rotes Armband, um negative Energie und den »bösen Blick« abzuhalten. Trägt die ganze Familie so ein Band, soll es die Bindung untereinander stärken. Im Hinduismus an der rechten Hand des Mannes und bei der Frau links getragen, ist das rote Band ein Symbol für Liebe und Freundschaft. Es soll außerdem helfen, einen Seelenverwandten zu finden. Im tibetischen Buddhismus binden

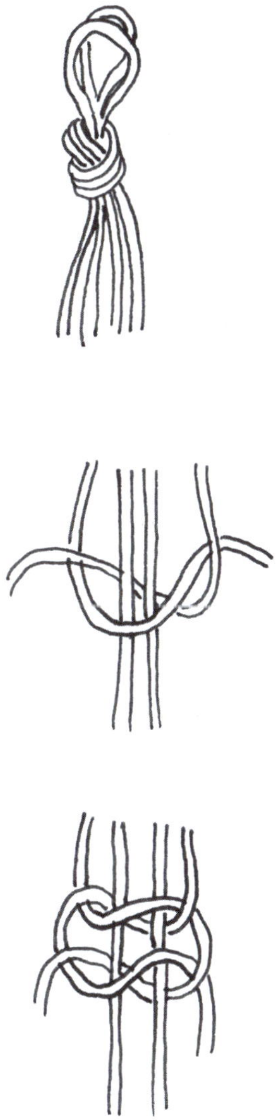

Der halbe Schlag; während des Knüpfens verdreht sich das Armband.

Unterwegs Brennnessel-armbänder nachfärben.

Mönche den Menschen in Zeremonien rote Armbänder um die Handgelenke. Es soll die Menschen einander näherbringen. Sie werden auch als Glücks- und Beschützerarmbänder angeboten.

Mit Bändern aus Brennnesselfaser kann man die Wirkung der Pflanze mit der symbolischen roten Farbe verbinden. Die Brennnesselfaser nimmt Farbe besonders gut an. Für rötliche Töne kann man die Bänder einfach in Brombeer-, Holunderbeer- oder Rote-Bete-Saft legen, einen Schuss Essig dazugeben und über Nacht stehen lassen. Am nächsten Tag auswaschen und trocknen. Mit der Zeit wird die Farbe meist wieder blasser. Ich färbe mein Armband deshalb immer wieder auf meinen Spaziergängen nach. Im Sommer und Herbst, wenn es reife Beeren gibt, nehme ich das Band ab, zerquetsche ein paar Beeren und knete den Fruchtbrei in das Band. Nach etwa 10 Minuten wasche ich das Band aus und habe wieder eine wunderschöne, frische Farbe.

Mit Holunder gefärbte Nepal-Brennnesselfasern, im Knäuel gekocht, und mit frischem Saft gefärbte Kordeln.

Farben von Beeren sind besonders schön, waschen sich allerdings relativ schnell aus.

HANDARBEITEN: TEXTILIEN MIT ENERGIE

Bei der Handarbeit fließt die Energie, die man für die Arbeit aufwendet, in das Material über. Die Dinge bekommen eine nicht erklärbare Ausstrahlung. Es muss nicht immer das Ziel sein, etwas möglichst schnell und effektiv zu machen. Ich möchte den Dingen meine Energie geben, damit sie strahlen. Bis die Fasern hergestellt waren, war es ein langer Weg. Nun haben wir dieses wertvolle Garn in Händen; es zu häkeln, zu stricken oder zu weben, ist der krönende Abschluss. Das Brennnesselgarn hat so viel Energie, so viel Charakter, dass es keine besonderen Muster oder extravagante Modelle braucht. Das Garn wirkt am besten in ganz schlichter Ausführung.

Je nachdem, wie gleichmäßig oder fein das Garn ist, sollte man es entsprechend verarbeiten. Die folgenden Anleitungen habe ich für das Garn aus Nepal entwickelt. Aber auch dieses Garn ist handgesponnen und deshalb sehr unregelmäßig. Außerdem ist es teilweise sehr überdreht, dass es sich beim Häkeln und Stricken oft eindreht. Den Drall kann man mildern, wenn man das Knäuel immer wieder mit einer Nadel fixiert, es hängen und sich ausdrehen lässt.

Vom eigenen Garn wird man zunächst wohl noch keine großen Mengen produzieren können. Freundschaftsbänder, Traumfänger oder andere kleinere Objekte erfordern nur zwei, vielleicht drei Meter Garn. Ein gewebtes Tuch, ein kleines Säckchen oder eine Mütze kann man auch gut schaffen, wenn man geduldig Pflanzen sammelt und aufbereitet.

Ich habe mir vorgenommen, eine Tunika zu häkeln. Dazu werde ich sicher ein paar Jahre brauchen – und wohl oft an die Schwester der sechs Schwäne denken. Doch werde ich das Kleidungsstück dann wie einen Schatz behandeln. Und darum geht es eigentlich. In den Zeiten vor dem Prêt-à-porter, der Mode von der Stange, waren Textilien einerseits Schätze, mit denen man sich schmückte, zum andern pflegte und flickte man seine Gebrauchskleidung, nähte aus zwei verschlissenen Stücken ein neues oder kleidete Kinder damit ein. Heute ist Kleidung billig, viel zu billig, und die Stoffe leblos, ohne Energie. Mit selbst hergestellten Textilien können wir uns zum Strahlen bringen.

Meine erste Tasche aus selbst gewonnenen Brennnesselfasern.

Häkelmütze

Eine Mütze aus Brennnesselfaser wärmt, wenn es kalt ist, sie kühlt, wenn es warm ist. Und wenn es heiß ist, behalte ich einen kühlen Kopf, indem ich sie anfeuchte. So schützt sie mich auch vor trockener Heizungsluft oder in der Sauna.

Anleitung

Material: 80 bis 100 g Brennnesselgarn, Häkelnadel Nr. 3
Abkürzungen: LM Luftmasche; KM Kettmasche; FM feste Masche; ST Stäbchen

Reihe 1: Man beginnt mit 4 LM und verbindet sie mit einer KM.
Jede Reihe wird mit einer KM abgeschlossen.
Reihe 2: In die LM je zwei FM häkeln.
Reihe 3: 2 LM häkeln, dann in jede FM 2 ST häkeln.
Zu Beginn jeder Stäbchen-Reihe 2 LM häkeln.
Reihe 4: ST häkeln, dabei in jedem zweiten ST 1 ST zunehmen.
Reihe 5: ST häkeln, dabei in jedem dritten ST 1 ST zunehmen.
Reihe 6: ST häkeln, dabei in jedem vierten ST 1 ST zunehmen.
Bis Reihe 11 (12 wenn sie größer werden soll) ST häkeln, dabei in jeder Reihe verteilt 8 ST zunehmen, ergibt 80 (88) ST.
Reihen 12 und 13 (13 und 14): verteilt 4 ST zunehmen.
Reihen 14 bis 18 (15 bis 19 oder 20): ST ohne Zunahmen häkeln.
Weiter mit FM häkeln. Dabei in der ersten Reihe 6 bis 8 Maschen verteilt abnehmen (Maschen überspringen, man hat dann zwischen 80 und 88 Maschen). Die Mütze anprobieren. Da sie sich etwas weitet, sollte sie zunächst recht stramm sitzen. Nun noch zwei Reihen FM häkeln, dabei ggf. noch Maschen überspringen, wenn sie zu groß ist. Fäden vernähen.

Für eine »Beani« sollte die Mütze oben etwas lockerer sein, eventuell noch ein bis zwei zusätzliche Reihen häkeln und den Rand mit FM breiter häkeln, etwa 5 bis 7 Reihen.

Häkelmuster Mütze

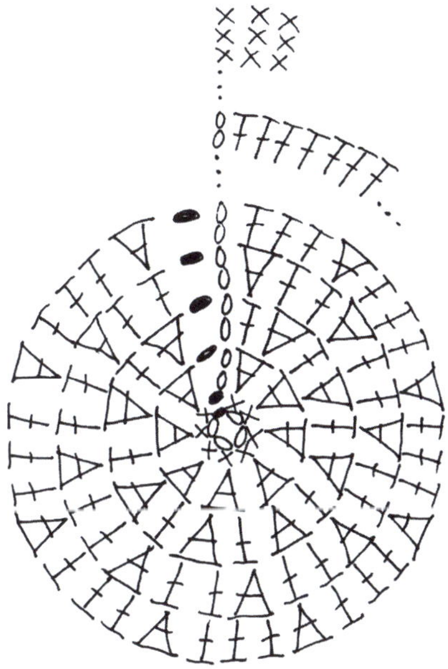

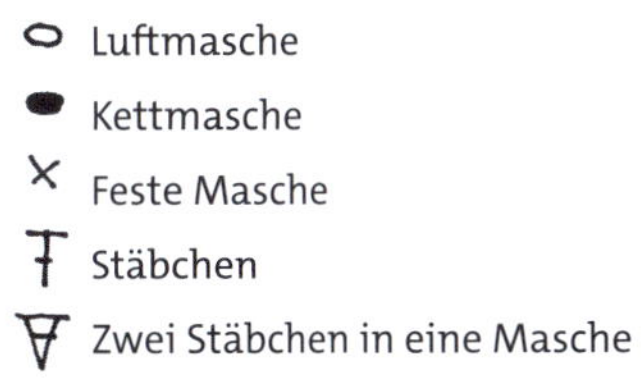

Nadelbinden

Nadelbinden ist eine uralte Handarbeitstechnik, die von nahezu allen Kulturen der Welt genutzt wurde. Der älteste Fund stammt aus der Jungsteinzeit – zum Vergleich: Stricken wurde im frühen Mittelalter und Häkeln im 18. Jahrhundert erfunden. In Skandinavien ist Nadelbinden noch immer eine gängige Handarbeit. Auch bei uns kommt das Nadelbinden wieder auf, insbesondere auf Mittelaltermärkten findet man Textilien und Nadeln zum Nadelbinden. Eine Nadel kann man sich auch einfach selbst schnitzen.

Es gibt verschiedene Stichvarianten, und man kann von dichtem Gewebe für Schuhe, über Handschuhe und Jacken bis zu Netzen oder Beuteln alles herstellen. Im Gegensatz zu gestricktem Gewebe bilden sich beim Reißen eines Fadens keine Laufmaschen. Der Faden wird mit einer Nadel oder bei gröberen Netzen auch mit dem Finger verschlungen. Man setzt immer wieder Faden an oder verlängert ihn als Kordel.

Brennnesselfasern eignen sich sehr gut für das Nadelbinden. Für Netze kann man die abgezogenen Faserstränge nur grob bearbeitet zu Kordeln drehen. Sie werden dann immer wieder angesetzt. Je verschlungener der Stich, desto fester und stabiler wird das Gewebe. Beginnen kann man mit einem ganz einfachen Stich, der auch ohne Nadel gebunden werden kann. Dazu bildet man zu Beginn eine Schlinge, um die weitere Schlingen angesetzt werden, wie auf der Zeichnung beschrieben. Zunahmen werden durch doppeltes Umschlingen erreicht und Abnahmen, indem man Schlingen überspringt.

Komplexere Stiche wie der Oslo-Stich erfordern Geschick und Übung. Dazu gibt es Videoanleitungen im Internet, die die Handhaltung und die Fadenführung zeigen. Erst als ich den Netzstich einigermaßen konnte, habe ich auch den Oslostich begriffen.

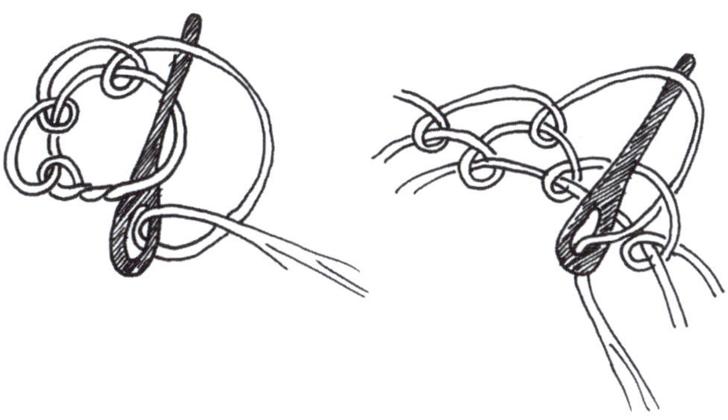

Links oben: einfacher Netzstich.
Unten: Oslostich.

Barfußschuhe

Brennnesselfaser ist durch die temperaturausgleichende Eigenschaft im Sommer eine Wohltat für die Füße. Mit den gehäkelten Schuhen läuft man wie barfuß. Die Faser ist enorm robust. Auf Asphalt und Stein halten die Sohlen allerdings nicht so lange, aber für Wanderungen durch Wald und Wiese und besonders durch Bäche und im Wasser ist der Fuß gut geschützt. Die Sohle wird mit doppeltem Faden gehäkelt. Ist die Sohle durchgelaufen, kann man sie noch ein paar Mal ausbessern, oder man näht eine Ledersohle auf.

Im Sommer sehr angenehm zu tragen, im Haus und Garten, als Wasserschuhe oder im Wald.

Material: Häkelnadeln Nr. 4,5 und Nr. 3
ca. 100 g Brennnesselgarn bei Größe 37/38
Abkürzungen: LM Luftmasche; KM Kettmasche;
FM feste Masche; ST Stäbchen

Anleitung für Größe 37/38

Den Faden doppelt nehmen und 25 LM mit Häkelnadel Nummer 4,5 anschlagen.
Runde 1: In die zweitletzte Masche einstechen und eine Runde um die LM häkeln, dabei am Ende drei Maschen zunehmen.
Runde 2 bis 5: Weiter FM, an den beiden Enden jeweils drei Maschen zunehmen (fette Kreuze im Häkelmuster). In Runde 5 sind es dann etwa 76 Maschen (auf ein oder zwei Maschen mehr oder weniger kommt es hier nicht an).
Runde 6 bis 7: Nach 14 FM eine KM häkeln und dann zurück häkeln bis zur anderen Seite, dabei wieder drei Maschen am Ende zunehmen. Wieder eine KM häkeln und zurück häkeln. Das wird die Verbreiterung am Fußballen.
Runde 8: FM Zunahme nur an den Zehen. Insgesamt nun etwa 86 Maschen.
Runde 9: FM häkeln, ohne Zunahmen. Am besten am Fuß messen, ob die Sohle passt, sie sollte vorne über die Zehen gehen und seitlich und hinten etwa einen Zentimeter seitlich hochgehen. Ist sie zu klein, noch eine Reihe FM häkeln. In der 9. Reihe

im hinteren Drittel der Sohle nun nur noch mit einem Faden weiter häkeln und mit ST beginnen. An der Ferse keine Maschen zunehmen. Bei den Zehen nun 10 mal verteilt eine Masche überspringen.
Runde 10 und 11: Weiter ST häkeln, dabei mit einer KM die jeweilige Runde abschließen und mit zwei Luftmaschen beginnen, an den Zehen wieder jede zweite Masche überspringen (6 Mal).

Häkelmuster Barfußschuhe: links Größe 37/38, rechts Größe 23/24.

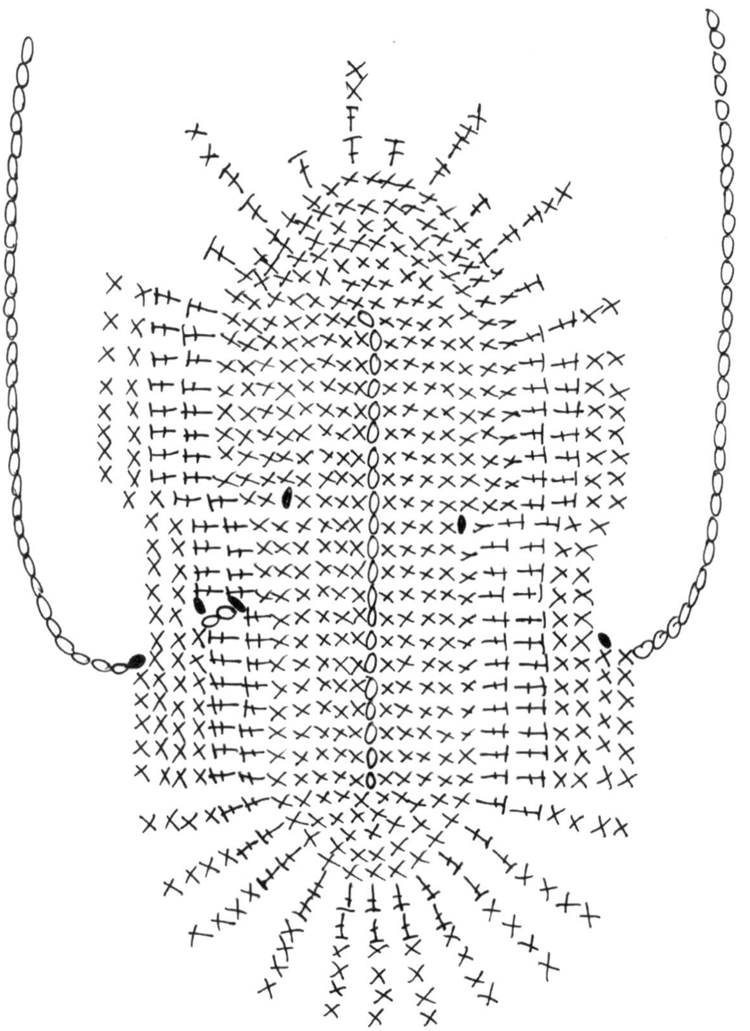

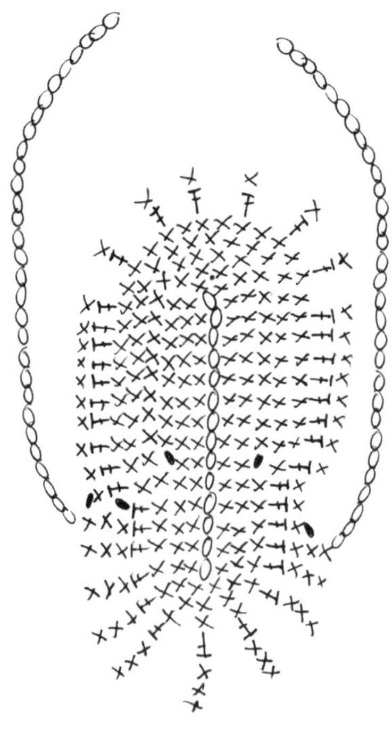

Für steinige Strände und zarte Kinderfüße.

Runde 11 und 12: FM nun besonders fest häkeln. Im hinteren Drittel bei der Ferse mit FM weiterhäkeln (ohne Zu- oder Abnahme).
Runde 13: Weiter FM. Bis auf Fußknöchelhöhe weiterhäkeln, eine KM häkeln und umdrehen.
Runde 14: weiter FM häkeln bis auf Fußknöchelhöhe der anderen Seite. Dabei zwei Maschen an der Ferse verteilt überspringen.
In Fußknöchelhöhe dann mit einer KM abschließen und 30 bis 35 LM als Bindeband häkeln und enden.
Auf der anderen Seite auf gleicher Höhe mit der Häkelnadel einstechen und ebenso ein Bindeband anhäkeln.
Schuhe nun waschen und am Fuß in Form ziehen. Sie ziehen sich nass sehr zusammen, sind aber dehnbar. Trocknen und dann die Fäden vernähen.

Für kleinere oder größere Größen Luftmaschenanschlag und Anzahl Runden laut Tabelle:

Größen	Fußlänge	LM-Anschlag	FM Runden Sohle; doppelter Faden, Zunahmen	An Ballen zurückhäkeln in Runde:	FM Runde ohne Zunahme mit doppeltem Faden	ST-Reihen, einfacher Faden, Abnahmen am Fußballen	FM Runden einfacher Faden, fester häkeln nach ST-Reihen
19–20	12	11	Ferse 3/5 Ballen	2	1	1	1
21–22	13	13	3/5	2	1	1	1
23–24	14,5	14	4/6	3	1	1	1
25–26	15,5	15	4/6	3	1	2	2
27–28	17	16	5/7	3	1	2	2
29–30	18	18	5/7	4	1	2	2
31–32	19,5	19	6/8	4	1	2	2
33–34	21,5	21	6/8	5	2	2	2
35–36	23	22	7/9	5	2	2	2
37–38	24	25	7/9	6	2	3	2
39–40	25,5	25	8/10	6	2	3	2
41–42	27	27	8/10	6	2	3	2
43–44	28	28	9/11	7	2	3	3
45–46	29,5	29	9/11	7	2	3	3

ANHANG

Anmerkungen

1 Berger, DMT, S. 141.
2 Fischer, Brennnesseln, S. 8.
3 Burckhardt, 12 Heilpflanzen, S. 103.
4 Fischer, Brennnesseln, S. 13.
5 anthrowiki.at/Brennessel_(Urtica), Zugriff 20.11.2019.
6 Meist wird behauptet, ohne eine Nahrungsergänzung mit Vitamin B12 könne man nicht vegan leben. Doch vegan lebende Inder, die nach Deutschland kamen, entwickelten erst hier einen Vitamin-B12-Mangel. So schrieb die taz (2.3.2001, S. 17), das Geheimnis der Inder sei, dass ihr Getreide nicht mit Pestiziden gespritzt und gereinigt werde wie bei uns. In den Getreidekörnern leben Insekten, die Vitamin B12 liefern. Zudem sei ihr Trinkwasser mit Kobalamin erzeugenden Bakterien kontaminiert. So gesehen kann überzogene Hygiene zu Vitamin-B12-Mangel führen. Auch Haustiere leiden an Vitamin-B12 Mangel, wenn sie gereinigte Futtermittel erhalten, dem nicht Vitamin B12 zugesetzt wird.
7 link.springer.com/chapter/10.1007/978-3-663-04342-3_16, Zugriff 10.04.2020.
8 www.netdoktor.de/laborwerte/serotonin/, Zugriff 19.11.2019.
9 www.onmeda.de/Wirkstoffe/Brennnessel/wirkung-medikament-10.html, Zugriff 19.11.2019.
10 Rätsch, Enzyklopädie, S. 863.
11 www.biologie-schule.de/acetylcholin.php, Zugriff 21.11.2019.
12 www.chemie.de/lexikon/Acetylcholin.html, Zugriff 21.11.2019.
13 Wanitschek und Vigl, Gesund mit heimischen Heilpflanzen, S. 61.
14 wikipedia.org/wiki/Zystolith, Zugriff 8.11.2019.
15 www.beerwulf.com/de-de/artikel-uber-craft-bier/frauen-die-brauen, Zugriff 11.2.2020.
16 Fischer, Brennnesseln, S. 19–20. Vgl. auch Zuther, Sprache der Pflanzenwelt, S. 249.
17 Storl, Heilkräuter und Zauberpflanzen, S. 14.
18 Ebda.
19 Treben, Gesundheit aus der Apotheke Gottes, S. 17.
20 Zuther, Sprache der Pflanzenwelt, S. 236.
21 Mességué, Die Natur hat immer Recht, S. 142.
22 www.aerzteblatt.de/archiv/198237/Arzneimittelrueckstaende-im-Wasser-Vermeidung-und-Elimination, Zugriff 19.11.2019.
23 Bühring, Praxislehrbuch, S. 348ff.
24 www.swr.de/wissen/1000-antworten/gesundheit/1000-Antworten-Warum-helfen-Brennesseln-bei-Gicht-und-Rheuma,1000-antworten-796.html, Zugriff 18.11.2019.
25 Fischer, Brennnesseln, S. 9.
26 Bühring, Praxislehrbuch, S. 146.
27 Burckhardt, Alles aus Wildpflanzen, S. 102.
28 Treben, Gesundheit aus der Apotheke Gottes, S. 109.
29 phytodoc.de/naturheilkunde/hildegard-medizin/hildegard-von-bingen-kraeuterheilkunde-brennnessel-bei-vergesslichkeit, Zugriff 18.11.2019.
30 www.phytoscout.de/pflanze/brennessel/, Zugriff 19.11.2019.
31 Zuther, Sprache der Pflanzenwelt, S. 243.
32 Ebda.
33 Fischer, Brennnesseln, S. 16.
34 Ebda, S. 17 (dort das Bibelzitat Zeph. 2,9).
35 »Die Brennnessel – schmerzlich nützlich« (L'ortie, vers un jardin sauvage) von François-Xavier Vives, deutsche Erstausstrahlung 2010 auf arte.
36 www.legifrance.gouv.fr/affichTexte.do?cidTexte=JORFTEXT000023912654, Zugriff 8.1.2020.
37 de Vries, Natural Relations, S. 25.
38 www.swr.de/swr2/kunst-und-ausstellung/kunstwerk-sanctuarium-von-herman-de-vries-in-stuttgart-abrasiert,article-swr-18080.html, Zugriff 29.2.2020.
39 Mancuso und Viola, Intelligenz der Pflanzen, S. 141.
40 Ebda, S. 8–11.
41 Ebda, S. 129.
42 Ebda, S. 19.
43 www.schleswig-holstein.de/DE/Fachinhalte/L/landeskundewappen/LandeskundeWappen.html; www.heraldik-wiki.de/wiki/Nesselblatt, Zugriff 2.8.2019.
44 Fischer, Brennnesseln, S. 80.
45 Ebda, S. 86.
46 de.wikipedia.org/wiki/Die_Brennessel, Zugriff 21.5.2020
47 Fischer, Brennnesseln, S. 86.
48 Ebda, S. 82.
49 galeriegugging.com/event/type-brut/, Zugriff 4.11.2019.
50 k1onet.de/bildende-kunst1/item/761-die-brennnessel-urbane-akupunktur-von-anja-schoeller-und-hubert-klotzeck-kunstverein.html, Zugriff 4.11.2019.
51 Storl, Die alte Göttin, S. 99–100.
52 Ebda, S. 211.
53 Original und englische Übersetzung (ohne

deutsche Übersetzung): www.wyrtig.com/GardenFolklore/NineHerbsPrayer.htm, Zugriff 8.12.2019.
54 Storl, Pflanzen der Kelten, S. 411.
55 Zuther, Sprache der Pflanzenwelt, S. 249ff.
56 www.lwl.org/wim-download/ausstellungen-download/Bocholt/wim-download/datei-download/portal/S/bocholt/sonderausstellungen/maerchen/1268898338_0/Stroh_zu_Gold_Katalog_Presse.pdf, Zugriff 7.12.2019.
57 wikisource.org/wiki/Das_Rockenweibchen, Zugriff 4.8.2019.
58 Vgl. www.grin.com/document/155040, Zugriff 7.12.2019.
59 www.lwl.org/wim-download/ausstellungen-download/Bocholt/wim-download/datei-download/portal/S/bocholt/sonderausstellungen/maerchen/1268898338_0/Stroh_zu_Gold_Katalog_Presse.pdf, Zugriff 7.12.2019.
60 Institute of Indigenous Foods and Traditions: vimeo.com/90379255, Zugriff 13.5.2020.
61 Storl, Heilpflanzen und Pflanzengottheiten, S. 385–386.
62 Storl, Pflanzendevas, S. 249.
63 Schröder, Meisterkräutertherapie, S. 31.
64 Ebda, S. 37.
65 Vgl. auch Zuther, Sprache der Pflanzenwelt, S. 25.
66 Schröder, Meisterkräutertherapie, S. 38.
67 Steiner, Das Wesen der Farben, S. 43 ff.
68 Zeichnung angelehnt an Zuther, Sprache der Pflanzenwelt, S. 62ff
69 Storl, Heilpflanzen und Pflanzengottheiten, S. 387–388.
70 Weber, Alles fühlt, S. 137.
71 Weber, Lebendigkeit, S. 10 und 16.
72 Schröder; Die Meisterkräutertherapie, S. 271.
73 Treben, Gesundheit aus der Apotheke Gottes, S. 17.
74 www.chemie-schule.de/KnowHow/Brennnesseln, Zugriff 8.11.2019.
75 www.verlagdrkovac.de/978-3-86064-989-3.htm; Zugriff 17.6.2020
76 www.fachschule-laimburg.it/download/Kulturanleitung_Brennnessel.pdf, Zugriff 16.12.2019.
77 https://www.brennnessel-textil.de/2015/10/ernte-und-ertrag-2/, Zugriff 17.6.2020
78 wikipedia.org/wiki/Zystolith, Zugriff 8.11.2019.
79 Storl, Pflanzen der Kelten, S. 411.
80 www.chemie-schule.de/KnowHow/Brennnesseln, Zugriff 8.11.2019.
81 Zuther, Sprache der Pflanzenwelt, S. 243.
82 Bühring, Praxislehrbuch, S. 351.
83 Zuther, Sprache der Pflanzenwelt, S. 237.
84 Ebda, S. 243.
85 Mességué, Die Natur hat immer Recht, S. 142.
86 brennnesselpflanze.de/kann-man-brennnesseln-rauchen/, Zugriff 13.5.2020.
87 Vgl. z. B. universal_lexikon.deacademic.com/301498/Silvester_und_Neujahr, Zugriff 1.4.2020.
88 Bühring, Praxislehrbuch, S. 324.
89 Burckhardt, Alles aus Wildpflanzen, S. 103.
90 Fischer, Brennnesseln, S. 36; Edom, From Sting to Spin, S. 5.
91 Ebda, S. 39; Edom, From Sting to Spin, S. 16; und www.scinexx.de/news/geowissen/bronzezeit-menschen-webten-stoffe-aus-brennesseln/, Zugriff 26.7.2019.
92 Edom, From Sting to Spin, S. 13–16.
93 Ebda, S. 11.
94 Fischer, Brennnesseln, S. 45.
95 brennnessel-textil.de/2015/10/einsatzmoeglichkeiten, Zugriff 26.7.2019.
96 brennnessel-textil.de/2015/10/historie, Zugriff 26.7.2019.
97 Fischer, Brennnesseln, S. 46–48.
98 Ebda, S. 51.
99 Ebda, S. 51–52.
100 dorisleslieblau.com/articles/from-plant-to-textile, Zugriff 26.7.2019.
101 wikipedia.org/wiki/Sibirische_Hanfnessel, Zugriff 11.8.2019.
102 Fischer, Brennnesseln, S. 54.
103 www.swicofil.com/commerce/products/nettle/271/processability, Zugriff 23.11.2019.
104 www.patent-de.com/20090806/DE112005001792B4.html, Zugriff 11.8.2019.
105 wendland-net.de/post/stoffkontor-kranz-ag-hat-insolvenz-angemeldet, Zugriff 26.7.2019.
106 www.treehugger.com/sustainable-fashion/stingplus-nettle-fabric-wins-sustainability-award.html und www.treehugger.com/sustainable-fashion/stingplus-nettle-fabric-wins-sustainability-award.html, Zugriff 9.12.2019.
107 www.textileexcellence.com/news/new-products-and-innovation/innovations-in-sustainable-textiles/ und www.standard.co.uk/news/jeans-with-a-sting-7223054.html, Zugriff 9.12.2019.
108 www.rd.nl/meer-rd/consument/waarom-netl-stopt-met-brandnetelmode-1.313834, Zugriff 26.11.2019.
109 positivr.fr/velcorex-entreprise-francaise-jeans-orties, Zugriff 25.7.2019.
110 www.brennnessel-textil.de und www.grund-zum-leben.de/themen/schaetze/brennnesselmode, Zugriff 26.7.2019.
111 www.swp.de/suedwesten/landkreise/zollernalb/firma-mattes-und-ammann-bietet-seidenweichen-matratzenstoff-aus-brennnesseln-23004153.html, Zugriff 25.7.2019.
112 www.brennnessel-textil.de, Zugriff 26.11.2019.
113 Daily Telegraph online: Furness, Abraham, 18.9.2019.
114 www.brennnessel-textil.de/2015/10/einsatzmoeglichkeiten, Zugriff 26.7.2019.
115 www.brennnessel-textil.de/2015/10/einsatzmoeglichkeiten, Zugriff 26.7.2019.
116 Fischer, Brennnesseln, S. 58, 59.
117 Ford, Yarn from Wild Nettles, S. 37.
118 Ebda, S. 21ff.
119 Ebda, S. 18.
120 Ebda, S. 21ff.
121 Allan Brown, Hedgerow Couture, Facebook nettles for textiles und PDF auf seiner Homepage www.nettlesfortextiles.org.uk, Zugriff 23.12.2019.
122 gedankenwelt.de/die-legende-der-traumfaenger/ und stjosefs.de/wp-content/uploads//2017/02/broschure-traumfanger.pdf, Zugriff 16.8.2019.
123 Brennnesselarmbänder: www.sibirische-zedernprodukte.com/brennnessel-produkte/brennnessel-armbaender-talisman/637/brennnesselarmband-aus-familienlandsitz-russland.

Literatur

Bader, Marlis: Naturrituale zur Lebensbegleitung, Aarau und München 2016
Bächi-Nussbaumer, Erna: So färbt man mit Pflanzen, Stuttgart 1980
Berger, Markus: DMT, Forschung, Anwendung, Kultur, Aarau, 2017
Bühring, Ursel: Praxislehrbuch der modernen Pflanzenheilkunde, Stuttgart 2005
Burckhardt, Coco: Alles aus Wildpflanzen. Kochen & konservieren, heilen & vorbeugen, waschen & färben, räuchern & zaubern, Stuttgart 2013
Burckhardt, Coco: 12 Heilpflanzen und ihre Geschichten. Märchen, Mythen, Medizin, Stuttgart: Ulmer, 2018
Classen-Büttner, Ulrike: Nadelbinden – Was ist denn das?, Isenbrunn, 2012
de Vries, Herman: Natural Relations – eine Skizze, Nürnberg 1989 (hg. v. Karl Ernst Osthaus Museum Hagen)
Edom, Gillian: From Sting to Spin. A History of Nettle Fibre, Urtica Books 2010
Dreyer, Jens: Die Fasernessel als nachwachsender Rohstoff, Hamburg 1999
Fischer, Ludwig, Judith Schalansky (Hg.): Brennnesseln. Ein Portrait, Naturkunden, Bd. 032, Berlin: Matthes & Seitz, 2017
Ford, Birte: Yarn from Wild Nettles. A Practical Guide, Independant Publishing 2015
Fuchs-Waser, Angelika: Papier schöpfen und gestalten, Aarau 1992
Mancuso, Stefano und Viola, Alessandra: Die Intelligenz der Pflanzen, München 2015
McNeill, Suzanne: Knüpfen mit Hanf, Perlen & Co. im Boho-Style, Graz 2015
Mességué, Maurice: Die Natur hat immer Recht. Rezepte für Gesundheit und Schönheit durch die geheimen Kräfte der Pflanzen, Berlin 1973
Michell, John; Brown, Allan: So ist die Welt gebaut, Baden und München 2010
Rätsch, Christian: Enzyklopädie der psychoaktiven Pflanzen, Aarau und München 1998
Schröder, Wolfgang: Die Meisterkräutertherapie. Die 24 kostbaren Kräuter aus Europa und ihr Nutzen in der Volksheilkunde, Ruhpolding 2012
Steiner, Rudolf: Das Wesen der Farben (GA 291), Dornach 1991
Storl, Wolf Dieter: Pflanzen der Kelten. Heilkunde, Pflanzenzauber, Baumkalender, Aarau und München 2000
Storl, Wolf-Dieter: Pflanzendevas. Die geistig-seelischen Dimensionen der Pflanzen, Aarau und München 2001
Storl, Wolf-Dieter: Heilkräuter und Zauberpflanzen zwischen Haustür und Gartentor, Aarau und München 2005
Storl, Wolf Dieter: Die alte Göttin und ihre Pflanzen. Wie wir durch Märchen zu unserer Urspiritualität finden, München 2014
Storl, Wolf-Dieter: Von Heilpflanzen und Pflanzengottheiten, Bielefeld 2014
Treben, Maria: Gesundheit aus der Apotheke Gottes. Ratschläge und Erfahrungen mit Heilkräutern, Steyr 1995
Wanitschek, Anne und Vigl, Sebastian: Gesund mit heimischen Heilpflanzen, Hannover 2019

Weber, Andreas: Alles fühlt. Mensch, Natur und die Revolution der Lebenswissenschaften, Berlin 2007
Weber, Andreas: Lebendigkeit. Eine erotische Ökologie, München 2014
Zuther, Svenja: Die Sprache der Pflanzenwelt. Begegnung mit der Pflanzenseele – Signaturenlehre – Ganzheitliche Pflanzenheilkunde, Aarau und München 2014

Informative Webseiten und Bezugsquellen

brennnessel-textil.de
Mattes & Ammann GmbH & CO. KG, Story of nettle; Informationen rund um die Forschungen zur industriellen Fasergewinnung

nettlesfortextiles.org.uk
außerdem Facebook-Gruppe nettles for textiles
Umfangreiche Informationen über die Fasergewinnung der Brennnessel und ähnliche Themen von Allan Brown

feuervogel.ch
Genossenschaft für Naturpädagogik, Brennnesselfaserseminar und viele weitere Kurse in der Natur

heilpflanzenschule.de
Freiburger Heilpflanzenschule, Seminare und Ausbildung

https://www.ardmediathek.de/suche/prinzessin%20maleen
Erstes Deutsches Fernsehen Mediathek, Märchenverfilmung
Prinzessin Maleen, 2015

zdf.de/kinder/maerchenperlen/die-sechs-schwaene-112.html
Zweites Deutsches Fernsehen, Märchenperlen: Die sechs Schwäne, 2012

gbroi.com
Brennnesselgetränk, Pia Morgenstern, Berlin

naturstoff.de
Brennnesselstoffe, Anita Pavani

flinkhand.de
Nadelbinden, Färben und Spinnen etc.

waldwolle.de
Spinnräder, Karden, Wolle

Bildnachweis

Fotos: Mechtilde Frintrup und Susanne Fiedler
Illustrationen und Grafiken: Mechtilde Frintrup

Abbildungen (wenn nicht von der Autorin):
Umschlag: shutterstock; **S. 8** Susanne Fiedler; **S. 10 oben** Brennnessel-Nadeln: © Heike Buchmann; **S. 12 unten:** Scenics & Science / Alamy Stock Photo; **S. 13 unten:** Blütenstaub: Kay Roxby / Alamy Stock Photo; **S. 17** Magnesium-Felsen: Washington Imaging / Alamy Stock Photo; **S. 18** PRILL Mediendesign / stock.adobe.com; **S. 25** G'Broi, © Jochen Nünning; **S. 26** Gemälde: Pawel Kowalczyk / Alamy Stock Photo; **S. 27** Schrein: Leon Werdinger / Alamy Stock Photo; **S. 30** Susanne Fiedler; **S. 41** Susanne Fiedler; **S. 44 oben**: Sanctuarium, grün: Gerd Leibrock / Wikimedia Commons / CC BY-SA 3.0; **unten** Sanctuarium, kahl: PJT56 / Wikimedia Commons / CC BY-SA 4.0; **S. 47** Granger Historical Picture Archive / Alamy Stock Photo; **S. 47** Wappen Schleswig-Holstein: Staatskanzlei Schleswig-Holstein, **darunter** Wappen Nesselwang: © Markt Nesselwang; **S. 48** Titelblatt Satiremagazin »Die Brennessel«, 1934, Folge 19, Hauptschriftleiter: Wilhelm Weiß © Deutsches Historisches Museum; **S. 49** Wolfgang Lenz / Wikimedia Commons / CC BY-SA 4.0; **S. 50** Kunstprojekt »Brennpunkte«, Urbane Akkupunktur Ingolstadt, Anja Schoeller, 2018. Foto: © Hubert Klotzeck; **S. 51** Robert Rauschenberg: Nettles, 1960, © Robert Rauschenberg Foundation / 2020, ProLitteris, Zürich; **S. 53** Johannes Gehrts: »Die Nornen« (1889); **S. 54** British Library; **S. 56** Dorothea Viehmann, Zeichnung von Ludwig Emil Grimm / Wikimedia Commons; **S. 68** Susanne Fiedler; **S. 69** Paul Quayle / Alamy Stock Photo; **S. 73 oben** Susanne Fiedler; **S. 74 oben** Susanne Fiedler; **S. 76 Mitte** Susanne Fiedler; **S. 83** © Mattes & Ammann GmbH & CO. KG; **S. 93** Susanne Fiedler; **S. 95** © Katrin Küblböck; **S. 96** © Rita Mersmann; **S. 106** © Nadja Hillgruber; **S. 114 oben** © Nadja Hillgruber; **S. 119 oben** © Nadja Hillgruber; **S. 134–136** Susanne Fiedler; **S. 137** © Roberto Fortuna, National Museum of Denmark; **S. 139** Susanne Fiedler; **S. 140 oben** Plakat schwarz-rot: LBZ / Pfälzische Landesbibliothek Speyer, Plakatsammlung; **unten** Plakat bunt: Landesarchiv Saarland; **S. 141 oben** Teppich Farbmuster: © Camira Fabrics / www.camirafabrics.com; unten Teppich »Lhasa«: © www.barfuss-teppich.at; **S. 142** © Gesine Jost; **S. 145** © Nadja Hillgruber; **S. 157–159** Susanne Fiedler; **S. 161** © Nadja Hillgruber; **S. 162** Susanne Fiedler; **S. 168** Susanne Fiedler; **S. 177** © Nadja Hillgruber; **S. 178** Susanne Fiedler; **S. 180** Susanne Fiedler; **S. 184** © Jasmin Schwarz

Dank

Einen besonderen Dank möchte ich CORNELIA STERN ausdrücken, die mich als Brennnesselexpertin empfohlen hat, sodass der Kontakt zum Verlag entstand und ich dadurch so schnell zur Buchautorin geworden bin. Der Lektorin RICARDA BERTHOLD danke ich für ihre guten Anregungen und das gewissenhafte Lektorat. Außerdem MONIKA SCHMIDHOFER und ANNA MAGGI für das weitere verlagsinterne Lektorat mit hilfreichen Hinweisen und HEIDY SCHUPPISSER für die herstellerische Organisation und gestalterischen Anregungen. SUSANNE FIEDLER danke ich für das Brennnessel-Fotoshooting, bei dem wir beide viel Spaß hatten und gleichzeitig viele schöne Fotos entstanden sind. Meiner Schwester RITA, die als Hauswirtschaftsmeisterin meine Rezepte getestet und gegebenenfalls korrigiert sowie Fotos erstellt hat, außerdem ein Dank an HEINO, meinen Schwager, der meiner Schwester bei den Fotos geholfen hat. Ich möchte meinem Sohn RUPHAY besonders danken; sein genauer und sehr kritischer Blick hat mich des Öfteren dazu gebracht, nicht zu schnell zufrieden mit meinen Ergebnissen zu sein. Bei NADJA HILLGRUBER und MARIA BADER von der Genossenschaft Feuervogel in der Schweiz bedanke ich mich für das wundervolle Brennnesselseminar, das ich mit Ihnen zusammen anbieten durfte, außerdem für das Rezept des Brennnesselbrotes, und danke NADJA für einige schöne Fotos von diesem Seminar. Ich danke ANJA SCHÖLLER, die mir von ihren Kunstprojekten mit Brennnessel berichtet hat und weitere Informationen aus dem künstlerisch-schamanischen Bereich beigetragen hat. Danke an JASMIN, mit der ich mich oft über die Brennnessel und andere Kräuter ausgetauscht habe und die Natur in Burgstall in einigen Spaziergängen erkundet habe, und HANS, dass ich seine Buchenstäbe fotografieren durfte. Ebenso KATHARINA, die eine feine künstlerische Sicht hat und damit meine Wahrnehmung bereichert hat. Ich danke KATRIN KÜBLBÖCK für das Rosa-Brennnesselsirup-Rezept und die Fotos dazu. Herzlich bedanke ich mich bei meinen Teilnehmerinnen und Teilnehmern der Kräuterwanderungen und Brennnesselseminare, die mir von ihren Erfahrungen mit der Pflanze erzählt und meine Kostproben und Anwendungen mutig probiert haben. Ich danke meiner Mutter und meinem Vater, die uns Kindern viel Freiheit zum Experimentieren geboten haben und auf unsere Unabhängigkeit bedacht waren. Ich danke meinen Geschwistern, Freunden und Bekannten, an denen ich meine Kräuterkreationen »testen« durfte und die mir auch weitere Anregungen gaben. Meinem kleinen Freund VINCENT danke ich; er hat mit mir das Brennnesselbrot gebacken, und ich habe beim Fangenspielen mit ihm entdeckt, wie gut die Brennnessel mich schützt, wenn mich jemand fangen will, der sehr schnell laufen kann.

Alle Angaben in diesem Buch wurden mit größter Sorgfalt und nach bestem Wissen erarbeitet, dennoch erfolgen sie ohne Gewähr. Autorin und Verlag übernehmen keinerlei Haftung für etwaige Nachteile oder Schäden, die sich aus dem Gebrauch der in diesem Buch vorgestellten Informationen ergeben können.

5. Auflage, 2026

AT Verlag AG, Aarau und München
Lektorat: Ricarda Berthold
Fotos: Mechtilde Frintrup, Susanne Fiedler und weitere
Layout und Illustrationen wenn nicht anders angegeben: Mechtilde Frintrup
Umschlagbild: orites von galam/stock.adobe.com
Druck und Bindearbeiten: Printer Trento, Trento
Printed in Italy

ISBN 978-3-03902-062-1

Für Herstellung und Einfuhr in die EU: AT Verlag AG,
Bahnhofstrasse 41, 5000 Aarau, Schweiz, info@at-verlag.ch;
AT Verlag Deutschland, c/o Liberté Buchservice GmbH,
Fruchthof, Gotzinger Strasse 52b, 81371 München, Deutschland,
info@atverlag.de

www.at-verlag.ch

Der AT Verlag wird vom Bundesamt für Kultur für die Jahre 2026–2028 mit einem Strukturbeitrag unterstützt.